mercari

メルカリ

GIHYO SELECTION

プロ技BESTセレクション

Professional Skills

PREMIUM

リンクアップ 著
小川ひとみ 監修

技術評論社

目次

第1章 メルカリのキホンと始め方

第2章 上手に稼ぐ！ メルカリでの売買のキホン

閲覧率アップ！ 商品の撮影テクニック

第4章 確実に購入につなげる！商品出品のテクニック

第5章 高評価は売上に直結！ スムーズな取引テクニック

第6章 さらに稼ぎたい人のための商品仕入れテクニック

第7章 メルカリをさらに楽しむ！メルペイの使い方

第8章 困ったときの安心トラブル解決Q&A

ご注意：ご購入・ご利用の前に必ずお読みください

●本書に記載された内容は、情報の提供のみを目的としています。したがって、本書を用いた運用は、必ずお客様自身の責任と判断によって行ってください。これらの情報の運用の結果について、技術評論社および著者はいかなる責任も負いません。

●ソフトウェアに関する記述は、特に断りのない限り、2020年9月末日現在での最新バージョンをもとにしています。ソフトウェアはバージョンアップされる場合があり、本書での説明とは機能内容や画面図などが異なってしまうこともあり得ます。あらかじめご了承ください。

●本書は以下の環境で動作を確認しています。ご利用時には、一部内容が異なることがあります。あらかじめご了承ください。

端末：Galaxy S20 5G SC-51A（Android 10）、iPhone 11 Pro（iOS 13.7）

●インターネットの情報については、URLや画面などが変更されている可能性があります。ご注意ください。

以上の注意事項をご承諾いただいた上で、本書をご利用願います。これらの注意事項をお読みいただかずに、お問い合わせいただいても、技術評論社は対応しかねます。あらかじめご承知おきください。

メルカリのキホンと始め方

メルカリは売買を気軽に楽しめる便利なサービスです。本章では、メルカリの概要や売買の流れのほか、メルカリを始めるために必要なものや売買のルールを解説しています。ここでの内容を押さえてメルカリを楽しみましょう。

メルカリってどんなサービス？

メルカリは、スマートフォンでかんたんに売買の取引ができるフリマアプリです。出品から購入までをワンストップで行え、登録料や月額利用料もかからないため、大変人気を集めています。

誰でも手軽に売買を楽しめるサービス

メルカリは、スマートフォンがあれば誰でもかんたんに売買の取引ができるC to C（個人間取引）専用のフリマアプリです。2020年時点で約8,000万以上もダウンロードされており、無料で利用することができます。アカウント取得に年齢制限もなく、スマートフォン1台ですぐに出品することができるため、気軽に始められるのが特徴です。

メルカリは毎日約1,000万人以上のアクティブユーザーに利用されています。出品した商品は日本全国の人に見てもらうことができるため、販売できるチャンスが多いことも人気の理由の1つといえるでしょう。商品ジャンルも豊富で、ファッションやコスメ、アクセサリー、家具、家電、書籍類など、さまざまなものが販売されています。また、一部機能に制限こそありますが、パソコンから利用できるのも魅力です。

出品者と購入者の間の取引はメルカリが仲介してくれるため、これまでに売買取引の経験がない初心者でも安心して利用できます。

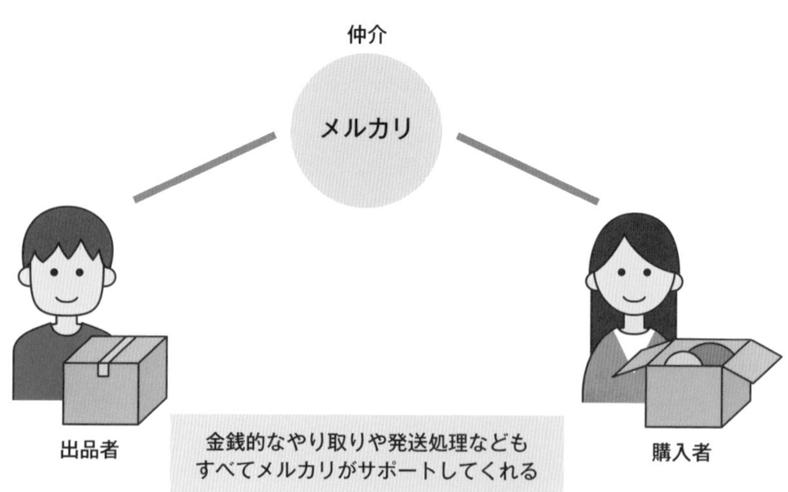

メルカリのメリット

メルカリにはさまざまなジャンルの商品が出品され、リアルタイムで活発に取引されています。出品者と購入者それぞれの立場からも使いやすいユーザーインターフェースは、幅広い世代に評価されています。では、どのような点で優れているのか、出品者と購入者のそれぞれのメリットを見ていきましょう。

出品者のメリット

スマートフォンからかんたんに出品できる

家事の合間やテレビのコマーシャルを見ている間など、隙間時間を使ってかんたんに出品することができます。商品説明文やカテゴリーを自動で記入してくれる『バーコード出品』機能を使うと、商品ページ作成にかかる時間が大幅に削減されます（Sec.025参照）。

匿名配送に対応

メルカリでは、住所や名前、連絡先などお互いの個人情報を開示しなくても配送できる匿名配送を導入しています。個人情報の通知がネックになっている人も少なくないですが、プライバシーに配慮した取引ができるので安全です。

売上金がスムーズに現金化される

出品した商品の売上金は、振込申請を行うことで1～3日以内（ゆうちょ銀行は3～4日）で現金化することができます（利用時は、振込手数料200円がかかります）。

購入者のメリット

幅広い支払い方法に対応

クレジットカード、口座振込、キャリア決済、コンビニ振込、メルペイなどさまざまな支払い方法に対応しています（P.15参照）。商品の売上金を使って購入することも可能です。

トラブルがあればメルカリ事務局が対応

返品やキャンセル、受取評価がされないなど、出品者と購入者の間でトラブルが発生したときは、メルカリ事務局に連絡すると対応してもらうことができます。

売買

メルカリでの売買の流れを知る

メルカリでの取引は、基本的に取引画面の指示通りに行えばよいため、自分が何をすべきか迷う心配はほとんどありません。ただし、事前に取引の流れをひと通り理解しておくとスムーズです。

出品から評価までの流れ

出品者は商品を撮影して説明文を入力すると出品でき、購入者はほしい商品をワンタップで購入できます。おおまかな取引の流れを見ていきましょう。

【例】メルカリで3,000円の商品が売れた場合

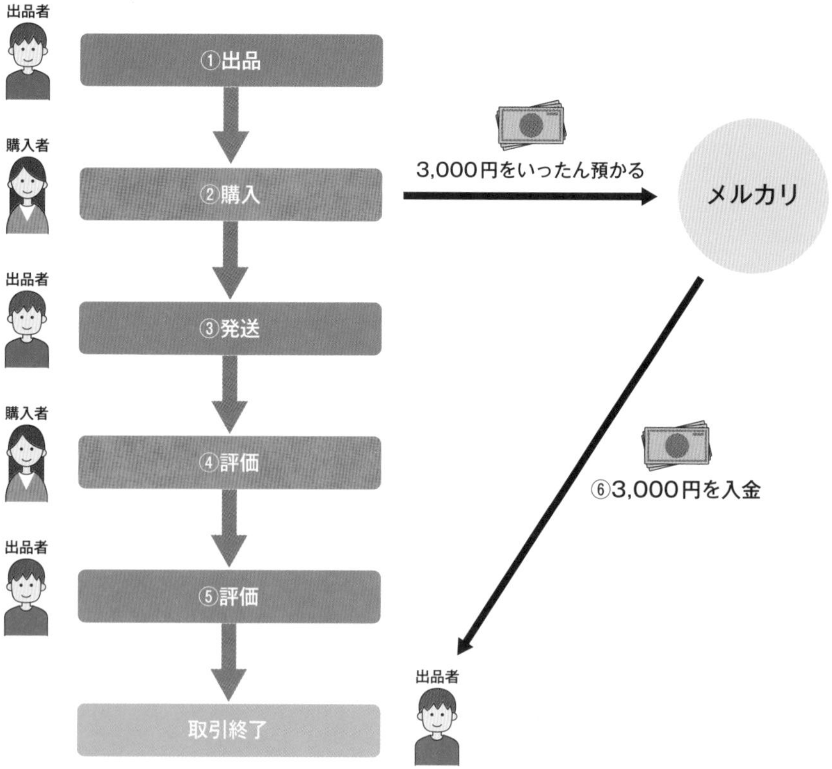

出品者 ①出品
↓
購入者 ②購入 → 3,000円をいったん預かる → メルカリ
↓
出品者 ③発送
↓
購入者 ④評価
↓
出品者 ⑤評価
↓
取引終了

メルカリ → ⑥3,000円を入金 → 出品者

▲ 互いに評価が完了すると出品者に代金が支払われるしくみのため、「偽物が送られてきた」「商品説明文と異なるものが送られてきた」といった問題があった場合は、評価前であれば返金や返品が可能。

出品者がすべきこと

最初は商品の「出品」から行います。スマートフォンなどで商品を撮影したら、説明文を入力して商品ページを作成し、出品します。

次に商品を「発送」します。購入者が商品代金をメルカリに入金すると「やることリスト」(P.33参照)に通知されるので、商品が壊れないようにしっかりと梱包しましょう。出品時に指定した発送方法で、取引画面に記載されている住所に商品を発送します。

そして最後に「購入者の評価」です。購入者のもとに商品が届いて出品者評価が行われると、購入者の評価を行えるようになります。評価は「良かった」「残念だった」のいずれかを選択します。購入者評価が完了すると売上金が入ります。

購入者がすべきこと

購入者は、気に入った商品があれば購入手続きに入ります。オークションとは異なり、メルカリは即決して購入されるケースが多いため、長期間の取り置きは断られる可能性があります。ほしい商品を見つけたら、早めに購入することをおすすめします。

支払い方法には、クレジットカードやキャリア決済、コンビニ払いなど多様な方法が用意されているので、自分に合った支払い方法を選択するとよいでしょう。

出品者が支払い確認を行うと商品が発送されるので、商品が手元に届いたら、出品者の評価を「良かった」「残念だった」のいずれかから選びましょう。

≫ 決済方法

支払い方法	特徴
クレジットカード払い	手数料がかからず、一度登録しておけば毎回入力する必要はない
コンビニ払い	コンビニで現金で支払う
キャリア決済	月々の携帯電話料金と合算して支払う
ATM払い	ペイジーというしくみで、ATMから支払う
ポイント使用	1ポイント1円として、売上金から購入できる
メルカリクーポン使用	不定期に配布されるクーポンを適用して支払う
売上金使用	売上金でポイントを購入し、そのポイントで支払う
メルペイスマート払い	今月の購入額を翌月にまとめて支払う
チャージ払い	銀行口座からメルペイ残高にチャージして支払う
Apple Pay払い	「Wallet」アプリに登録されたクレジットカードを使って支払う

Section 003

準備

メルカリを始めるために必要なもの

メルカリを始めるためには、アカウント登録に必要なスマートフォン、売上金を振り込むための銀行口座、商品を発送するための梱包材などが必要です。事前に準備しておくべきものを確認しておきましょう。

アカウント登録に必要なもの

スマートフォンと電話番号

メルカリはアプリをダウンロードして利用するため、SMS認証が可能なスマートフォンが必要です。アカウント登録時はSMSでの電話番号認証が必要で、認証を行わないとメルカリを利用できません。

なお、パソコンでメルカリを使用したいときは、メルカリの公式サイトにログインするだけで利用可能です。アプリのインストールも必要ありません。ただし、ゆうゆうメルカリ便が使えなかったり支払い方法が限定されていたりするなど、一部機能に制限があります。

売上金振込に必要なもの

銀行口座

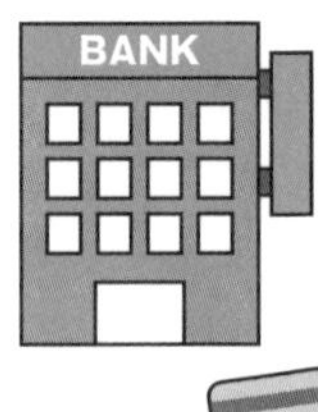

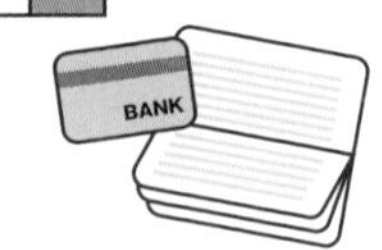

メルカリの売上金は現金化できます。売上金を現金化するためには、銀行への振込申請が必要なため、都市銀行、地方銀行、ゆうちょ銀行、ネットバンクなどのうち、いずれかの銀行口座が必須です。また、振込申請をするためには日本国内の銀行口座、かつ口座名義が本人名義でなければなりません。ただし、現金化が必要ない場合は銀行口座を用意する必要はありません。

MEMO 格安 SIM でも認証できる？

音声通話SIMやSMS付きの格安SIMであれば電話番号認証ができます。ただし、データ通信専用SIMでは認証できないので注意しましょう。

商品発送に必要なもの

梱包資材

商品を安全に運ぶためには、ダンボール箱や封筒、ビニール袋をはじめとした梱包資材が必要です。商品の大きさによって使い分けるとよいでしょう。ホームセンターやネットショップ、100円ショップなどのほか、全国のコンビニでもメルカリ用の梱包資材が販売されています。

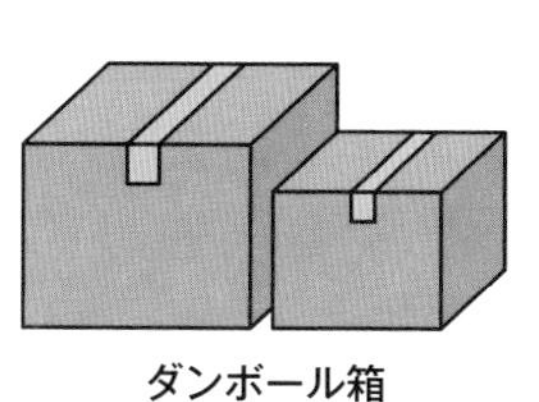
ダンボール箱

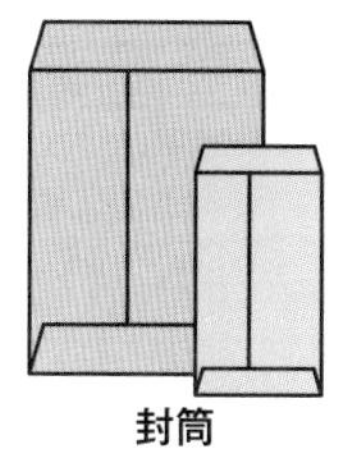
封筒

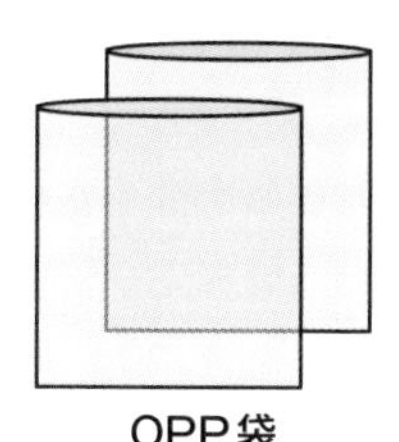
OPP袋

緩衝材

CD、ゲームソフト、雑貨、家電製品などの壊れやすい商品を発送する際は、エアーキャップやクッション材でしっかり包むことをおすすめします。

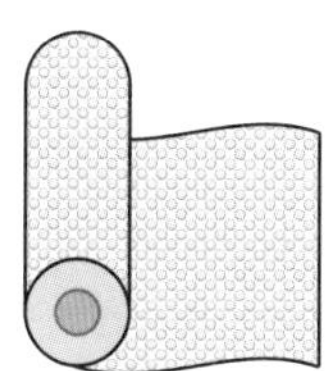
エアークッション

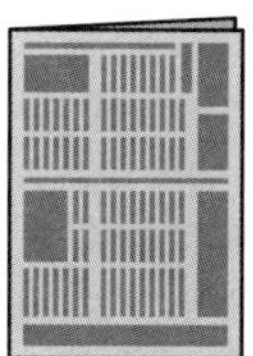
新聞紙

発砲スチロール

メッセージカード

商品を購入してくれた人にお礼のひと言を添えるメッセージカードがあると、リピーターを増やすきっかけになります（Sec.087参照）。

MEMO　商品撮影をするためにデジタルカメラや一眼レフカメラは必要？

出品の際に必要な写真は、スマートフォンのカメラで撮影すればスムーズにアップロードできます。最近のスマートフォンは高画質のものが多く、補正機能も優れているため、わざわざデジタルカメラで撮影しなくても、スマートフォンで十分対応できます。

メルカリの売買のルールを知っておく

ガイド

メルカリは誰もが安全に取引できるように公式ルールが設けられています。禁止行為や迷惑行為に該当してしまうと、アカウントが停止されるおそれがあります。まずは売買のルールを学んでおきましょう。

メルカリの禁止行為

メルカリにはガイドラインが用意されており、禁止されている行為や出品物のほか、取引時のルールやマナーなどが細かく記載されています。ルール違反をすると、メルカリの利用が制限されたり、アカウントが停止されたり、場合によっては強制退会させられてしまったりする可能性があります。トラブルを起こすことなく円滑に取引を行うためにも、ルールやマナーを守って利用するようにしましょう。

まずはメルカリの禁止行為について見ていきます。

代金の支払い前に発送を催促する／商品到着前に受取評価をする

メルカリの取引システムに反する行為に該当するため、禁止されている行為です。違反した場合は、取引のキャンセルや商品の削除、利用制限がなされる場合があります。

無在庫出品

実際に手元にない商品を出品する、いわゆる「無在庫出品」行為は禁止されています。そのため、出品時には必ず商品の実物写真および商品の状態がわかる写真を添付するしくみになっています。

商品の状態を偽る

メルカリに出品されている商品は、購入して手元に届くまで実際に確かめることができないため、商品の状態を明記することが必須です。傷や汚れがある商品や、中古品を新品として売るといったように、商品の状態を偽装する行為は違反に該当します。

ノークレーム・ノーリターン・ノーキャンセルの禁止

いわゆる「3N」といわれている行為です。商品に問題があるにもかかわらず返品やキャンセルに応じない場合は、メルカリの規約に違反します。プロフィールや商品ページに商品に問題があっても返品に応じないという記載は禁止されています。

出品できない商品

偽ブランド品&模倣品

メルカリは正規ブランド品のみ出品できます。出品商品の商品画像や説明文が怪しいと感じたら、メルカリ事務局に問い合わせましょう。ブランド品を出品する際、証明書やシリアルナンバーなどがある場合は記載しておくと安心です。過去に商標法違反があったことから、メルカリではとくに厳しく取り締まりをしています。

安全性が疑われる食品

開封済みの食品、消費期限・賞味期限切れの食品、期限などの明記がない食品、生鮮食品、要冷蔵の食品、販売許可が必要な食品などの出品は禁止されています。

危険物

花火、火薬、灯油、毒物、劇物など、法令に触れる危険物の出品は禁止されています。

アダルト関連

アダルトゲームやアダルトDVD、アダルト雑誌、アダルトグッズなど、18禁に指定されている商品の出品は禁止されています。

福袋

出品物の中身が見えないなど、購入できるものが不明確な場合は、取引時にトラブルになるおそれがあるため出品は禁止されています。

迷惑行為

購入者都合による取引キャンセル・返品

メルカリは最初に購入した人と取引するシステムです。商品の破損や不備がない場合を除き、自己都合によるキャンセルは認められていません。

不当な評価

メルカリで成約率を上げるためには「評価」が重要です。取引に問題がないにもかかわらず不当な評価をされた場合や、よい評価を強要された場合などは迷惑行為に該当します。

インストール

メルカリを始める

メルカリを始めるには、アプリをインストールし、メルカリアカウントを作成する必要があります。ここでは、Androidスマートフォンで登録する方法を解説しています。

アカウントを登録する

❶事前にメルカリアプリをインストールし、ホーム画面またはアプリ一覧画面から＜メルカリ＞をタップします。

❷アカウントの登録方法（ここでは例として＜メールアドレスで登録＞をタップする方法）について説明します。

MEMO そのほかの登録方法

メルカリアカウントは、メールアドレスのほかにも、GoogleアカウントやApple ID、Facebookアカウントを利用して登録することができます。これらの方法で登録すると名前やメールアドレスの入力を省略できます（電話番号の認証は必須です）。

❸「会員登録」画面が表示されたら、「メールアドレス」「パスワード」「ニックネーム」を入力します。

❹性別をタップして選択します。

❺<次へ>をタップします。

❻「本人情報登録」画面が表示されたら、名前や生年月日を入力します。

❼<次へ>をタップします。

MEMO　招待コードとは

「招待コード」とは、メルカリに登録していない友達を招待するときに使うアルファベット6桁のコードのことです。手順❸の画面で友達の招待コードを入力すれば、500円分のポイントが自分と友達に付与されます。

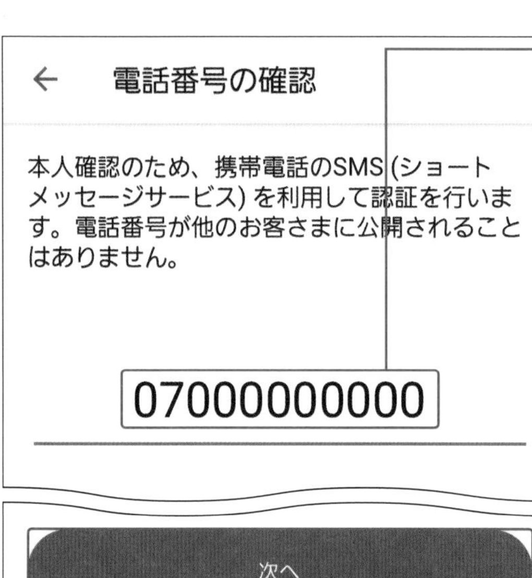

❽「電話番号の確認」画面が表示されたら、SMSを受信できる電話番号を入力します。

❾<次へ>をタップします。

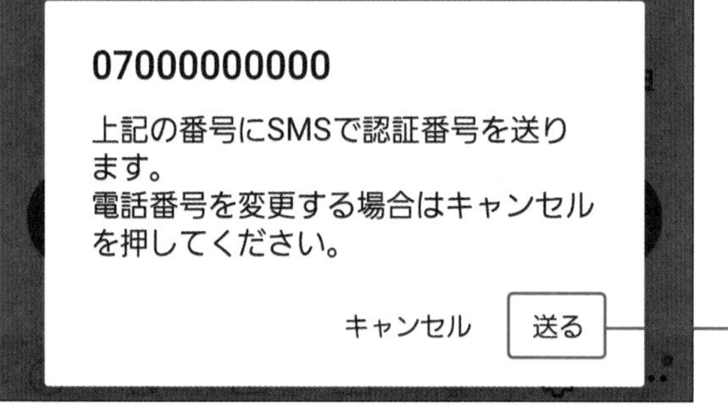

❿<送る>をタップします。

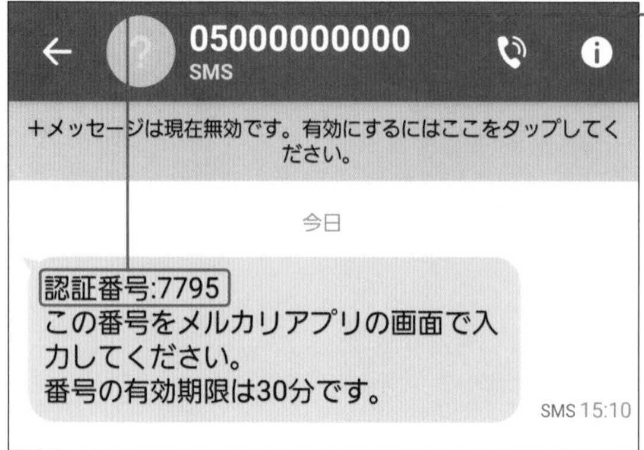

⓫手順❽で入力した電話番号宛にSMSが届くので、メッセージ内に記載されている4桁の認証番号を確認します。

電話番号認証

SMSで届いた認証番号を入力してください

7795

認証して完了

30秒たっても認証番号が届かない方へ

電話で認証番号を聞くこともできます。

⑫「電話番号認証」画面が表示されるので、手順⑪で確認した認証番号を入力します。

⑬＜認証して完了＞をタップします。

⑭アカウント登録が完了し、メルカリへの出品が可能になります。

MEMO 認証番号が届かない場合は？

認証番号が届かない場合は、本体の「設定」アプリでSMSの設定を見直しましょう。設定に問題がないにもかかわらず認証番号が届かない場合は、手順⑫の画面で＜電話番号を入力する＞をタップして再度電話番号を入力するか、＜電話で認証番号を聞く＞をタップして通話で認証番号を確認するかのどちらかの方法で認証を行いましょう。

メルカリの画面の見方

メルカリの画面構成は、主に「ホーム」「お知らせ」「出品」「メルペイ」「マイページ」の5つの画面から構成されています。ここでは各画面の見方を解説していきます。

メルカリの主な画面

メルカリを起動すると、最初に「ホーム」画面が表示されます。画面下部のアイコンをタップすることで切り替えることができます。

「ホーム」画面

❶コード決済	メルペイの決済画面を表示する
❷検索欄	出品されている商品を検索できる。キーワード入力のほか、カテゴリやブランド別に検索することも可能
❸やることリスト	取引している商品がある場合に、次にやるべき作業を表示してくれる
❹カテゴリ	タイムラインを「おすすめ」「新着」「カテゴリー」「保存した検索条件」の画面に切り替えられる
❺タイムライン	出品された商品が新着順に表示される

❻「お知らせ」画面

メルカリからのお知らせやニュースを一覧表示します。

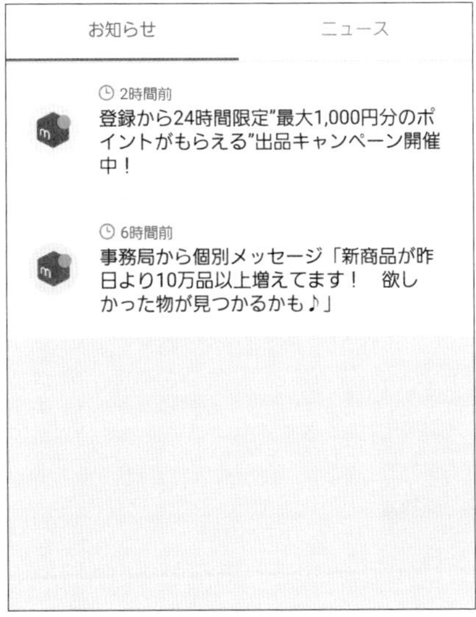

❼「出品」画面

商品を出品する際の画面です（Sec.025～027参照）。

❽「メルペイ」画面

メルカリのスマホ決済サービス「メルペイ」の画面です（詳細は第7章参照）。

❾「マイページ」画面

プロフィールや評価、出品・購入した商品の履歴などを確認できます。

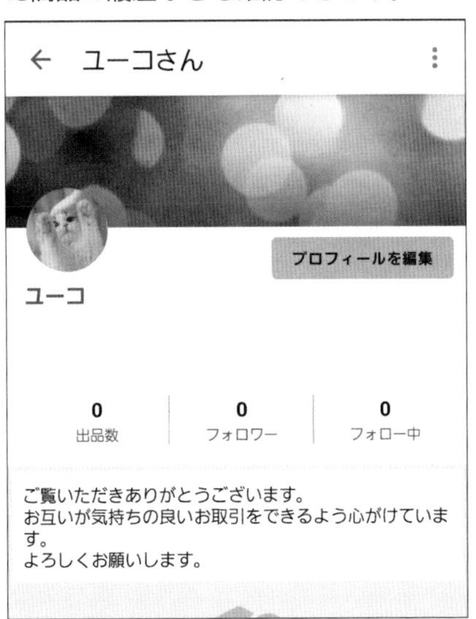

プロフィールを設定する

プロフィール

アカウントを登録したら、プロフィール情報を設定してみましょう。プロフィールはショップの顔になる大事なものです。プロフィール次第で商品が売れやすくなるので、ぜひ設定しておきましょう。

プロフィールを編集する

❶<マイページ>をタップします。

❷<詳細を見る>をタップします。

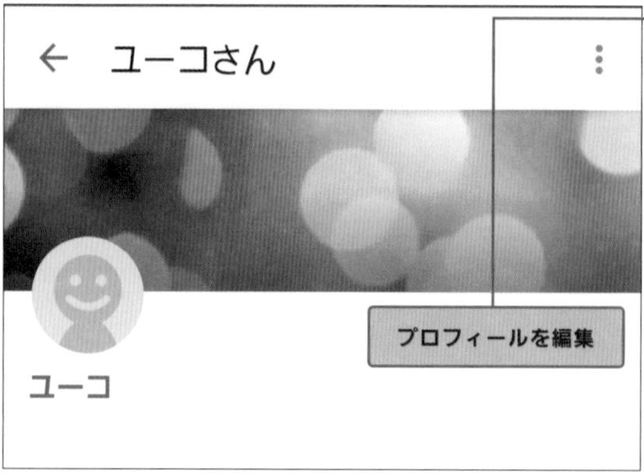

❸<プロフィールを編集>をタップします。

プロフィールの設定

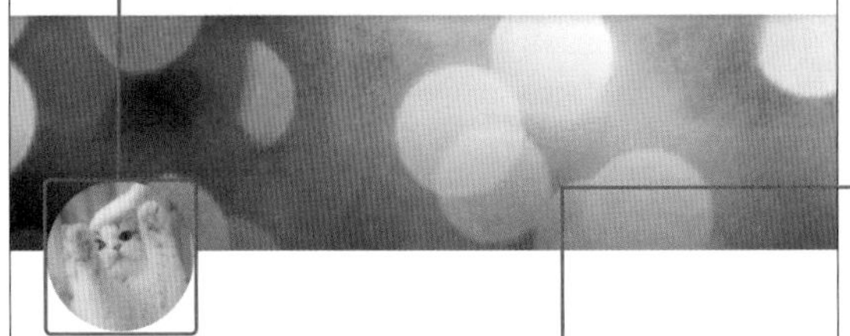

❹プロフィールアイコンをタップすると、スマートフォンのカメラに切り替わります。その場で撮影するか、本体に保存されている写真を選択します。なお、ニックネームはここからいつでも変更できます。

❺自己紹介欄をタップして自己紹介文を入力します。

❻＜更新する＞をタップします。

自己紹介

ご覧いただきありがとうございます。
お互いが気持ちの良いお取引をできるよう心がけています。
よろしくお願いします。

更新する

0	0	0
出品数	フォロワー	フォロー中

ご覧いただきありがとうございます。
お互いが気持ちの良いお取引をできるよう心がけています。
よろしくお願いします。

❼プロフィール画面に戻り、プロフィールが更新されていることを確認できます。

MEMO テンプレートを活用する

自己紹介にどのような内容を入力すればよいかわからないときは、手順❸のあとに表示される確認画面で＜使用する＞をタップすると、テンプレートを利用できます。

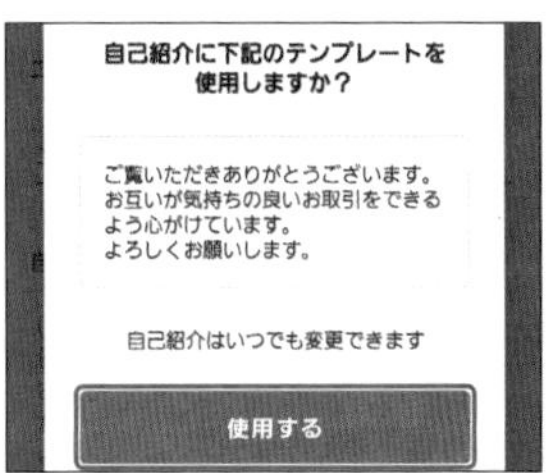

取引に必要な情報を登録する

取引を行うためには、住所や支払い方法などの情報を登録しておく必要があります。これらの情報は、マイページから登録・変更することができます。ここでは住所の設定方法を解説します。

住所を設定する

出品者として商品を発送する場合や、購入者として購入した商品を受け取るためには、住所の登録が必要です。住所情報がないと取引ができないので、あらかじめ登録しておきましょう。

その他の設定
個人情報設定
お知らせ・機能設定

❶P.26手順❶を参考に「マイページ」画面を表示し、<個人情報設定>をタップします。

個人情報
プロフィール
発送元・お届け先住所
支払い方法
メール・パスワード
性別
本人情報
電話番号の確認　登録済み

❷<発送元・お届け先住所>をタップします。

❸<支払い方法>をタップすると、メルカリで購入する際に使用する支払い方法を登録できます。クレジットカードの登録もここから行えます。

❹<新しい住所を登録>をタップします。

❺氏名や住所、電話番号を入力します。

❻<登録する>をタップすると、住所が登録されます。

本人情報登録も済ませておく

スマホ決済サービス「メルペイ」の提供が開始されてから、これまで任意だった本人確認が必須となりました。手順❷の画面で<本人情報>→<現住所>の順にタップし、住所を入力して<登録する>をタップすると登録できます。なお、入力後は免許証などの本人確認書類のアップロードが必要です。ただし、銀行口座を登録すれば本人情報の登録は不要です（Sec.009参照）。

メルペイの情報を登録する

メルペイを利用するには、銀行口座を登録するか、Androidであればおサイフケータイ、iPhoneであればApple PayとiD（電子マネー）を連携させることで利用できるようになります。

銀行口座やiDを登録する

メルペイは、メルカリ内でのショッピングに利用できるだけでなく、実店舗でも利用できる汎用性の高さが魅力のスマホ決済です。iD（電子マネー）決済とQRコード決済の2種類に対応しているため、多くの店舗で利用できます。以下を参考に初期設定を行いましょう。詳細は第7章でも解説します。

銀行口座を登録する

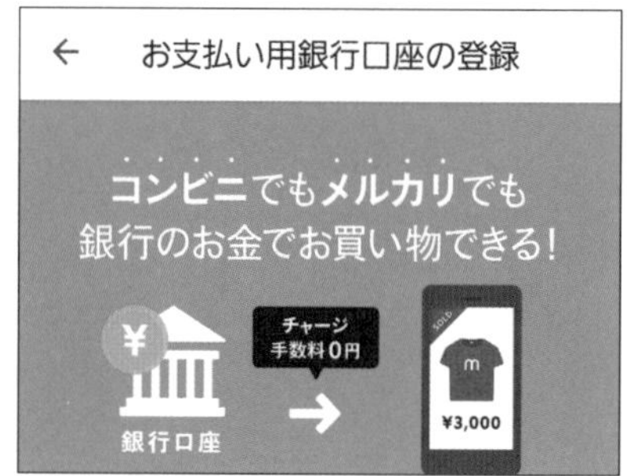

P.25❽の「メルペイ」画面で＜お支払い用銀行口座の登録＞→＜銀行口座を登録する＞→銀行名→＜同意して次へ＞の順にタップします。必要事項を入力し、ネットバンクのアカウントとパスワードでログインすると連携できます。

iDを登録する

P.25❽の「メルペイ」画面で＜iD決済＞→＜設定をはじめる（無料）＞→＜次へ＞の順にタップし、利用規約に同意してGoogleアカウントでログインすると連携できます。なお、Androidの場合は事前におサイフケータイの設定が必要です（iPhoneの場合は電話番号の認証後にApple Payにカードを追加すると連携できます）。

上手に稼ぐ！
メルカリでの売買のキホン

本章では、商品を検索する方法を始め、覚えておくと便利な機能や売れる不用品の探し方、実際の売買の流れなどを順を追って解説しています。メルカリの基本がつまっているので、ここでの内容を押さえて上手に売買しましょう。

覚えておきたい4つの機能

4つの機能

メルカリには「いいね!」「コメント」「お知らせ&ニュース」「やることリスト」の4つの機能があります。取引を行ううえで欠かせない機能なので、それぞれの機能の特徴を覚えて活用しましょう。

各機能の特徴

いいね！

「いいね！」はブックマークのような機能です。「いいね！」した商品はまとめて管理できるため、気になる商品に「いいね！」を付けておけば（P.44参照）、あとからすぐに確認することができます。また、「いいね！」を付けた商品にほかのユーザーからのコメントが入った際は通知されるしくみのため、他ユーザーの動きも把握できて便利です。

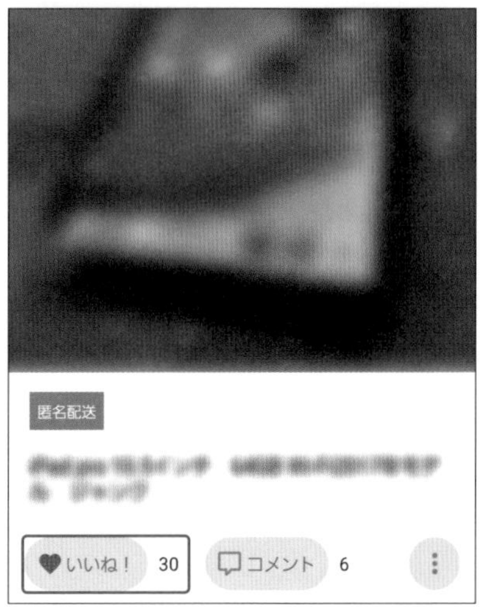

コメント

コメントは、出品された商品に対して何か質問したいときや、値下げ交渉したいときなど、購入前に出品者とコンタクトを取りたいときに便利な機能です。 画像や説明文だけではわからない情報もあるため、気になることがあればひと言コメントを入れるのがおすすめです。なお、相手を不快にさせるようなコメントをすると利用が制限される場合もあるため、ルールやマナーを守るようにしましょう。

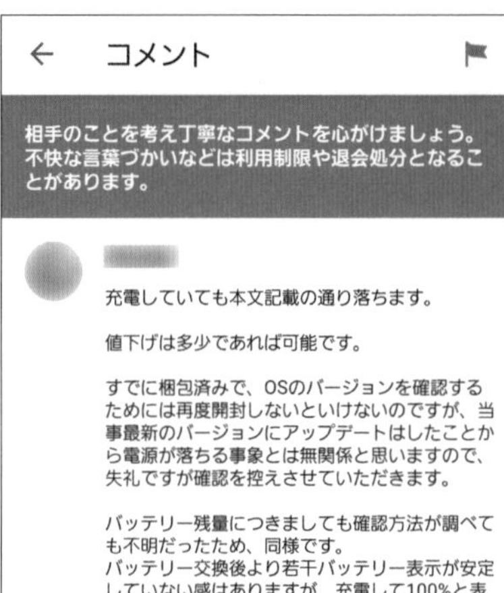

お知らせ&ニュース

お知らせは、出品した商品に「いいね！」やコメントが付いたとき、「いいね！」した商品が値下げされたとき、メルカリからのお得な情報があるときに通知してくれる機能です。ニュースには利用規約の改定やメンテナンス情報、機能変更などの通知が届きます。

やることリスト

やることリストには、支払いや商品の発送、評価など、取引においてやるべきことを通知してくれる機能です。何をすべきかをメルカリがリスト化して知らせてくれるので、迷う心配もありません。なお、やることリストは最大60件までしか表示されません。

MEMO お知らせの通知設定を変更する

お知らせのプッシュ通知やメール通知が多くてわずらわしいときは、「マイページ」画面で<お知らせ・機能設定>をタップします。任意の項目をタップすることで、通知のオン・オフを切り替えることができます。

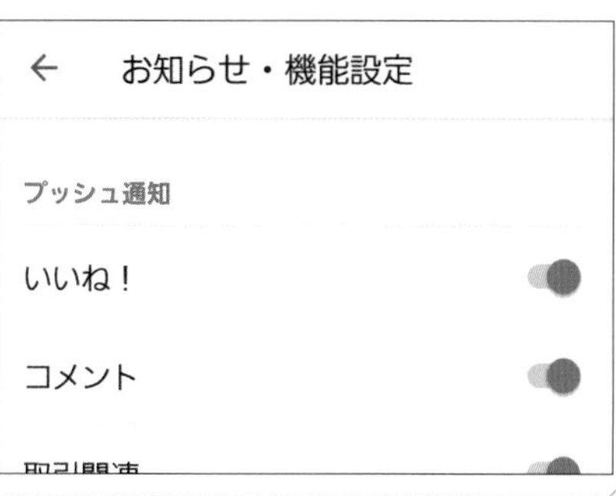

カテゴリ別に商品を検索する

メルカリには、膨大な商品の中からほしい商品を効率よく絞り込める検索機能が用意されています。服や本などほしい商品のカテゴリが決まっているときは、カテゴリ検索を活用してみるとよいでしょう。

カテゴリ検索を利用する

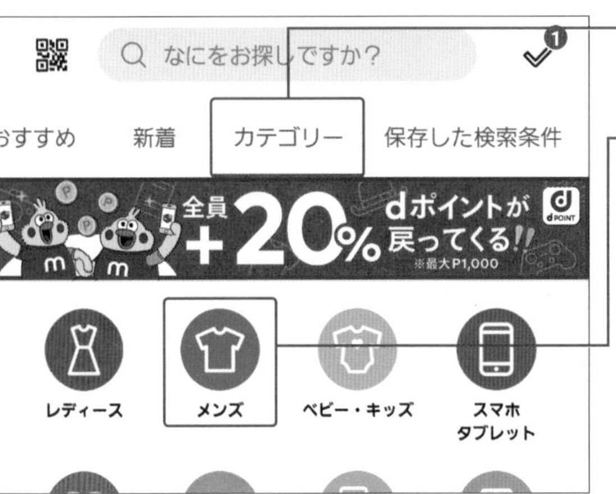

❶「ホーム」画面上部のメニュー欄を左方向にスワイプし、<カテゴリー>をタップします。

❷任意のカテゴリ（ここでは<メンズ>）をタップします。

❸選択したカテゴリの商品が表示され、商品の種類やブランドなどを細かく絞り込んで検索できます。

MEMO　16個のカテゴリ

カテゴリ検索には16個のカテゴリが用意されています。表示されていないカテゴリは、手順❷の画面で<もっと見る>をタップすると表示されます。

ブランド別に商品を検索する

ほしい商品のブランドが決まっていれば、ブランド検索が便利です。ブランドの一覧から目的のブランド名をタップすれば絞り込めます。なお、複数のブランドを指定して検索することも可能です。

ブランド検索を利用する

❶「ホーム」画面上部の検索欄をタップします。

❷＜ブランドからさがす＞をタップします。

❸一覧からブランド名をタップします。

❹＜決定＞をタップすると、指定したブランドの商品だけが表示されます。

MEMO 目的のブランドが見当たらない場合は？

手順❸の画面で＜ブランドを検索＞をタップし、目的のブランド名を入力すると、候補のブランドが表示されます。

キーワードで商品を検索する

メルカリにはキーワード検索も用意されています。ホーム画面の検索欄にキーワードを入力して検索すれば、該当する商品を絞り込めます。ほしい商品が具体的に決まっているときに活用できます。

キーワード検索を利用する

← 長財布

長財布

長財布
レディース

長財布
レディース - バッグ

長財布 プラダ

❶Sec.012の手順❶を参考に検索画面を表示し、検索欄に商品のキーワードを入力します。

❷検索候補をタップします。

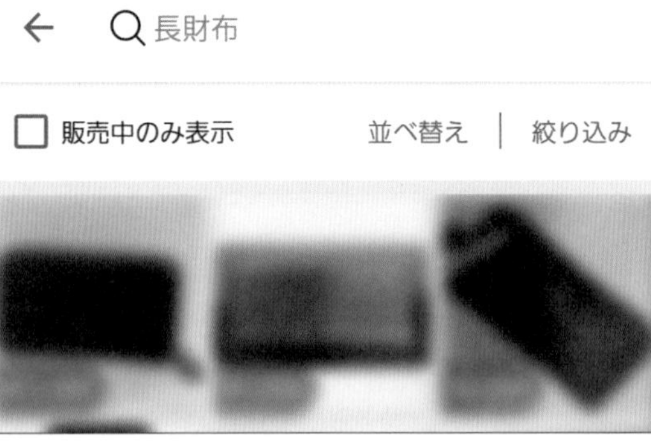

❸キーワードに該当する商品が表示されます。

MEMO　複数のキーワードで検索する

メルカリのキーワード検索では、複数のキーワードを指定して検索できる「AND検索」、いずれかの単語を含む「OR検索」ができます。単語どうしをスペースで区切ることで、複数のキーワードで検索できるので便利です。

写真から商品を検索する

ブランド名や商品の名前がわからないときは、写真検索機能を活用してみましょう。写真に類似する商品を絞り込んで検索してくれます。この機能はiPhoneのみでAndroidには対応していません。

写真検索を利用する（iPhoneのみ）

❶Sec.012の手順❶を参考に検索画面を表示し、をタップします。

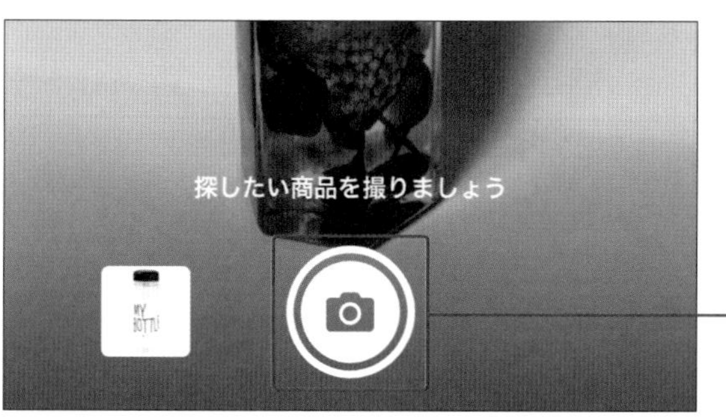

❷検索したい商品をファインダーに写し、をタップして撮影します。

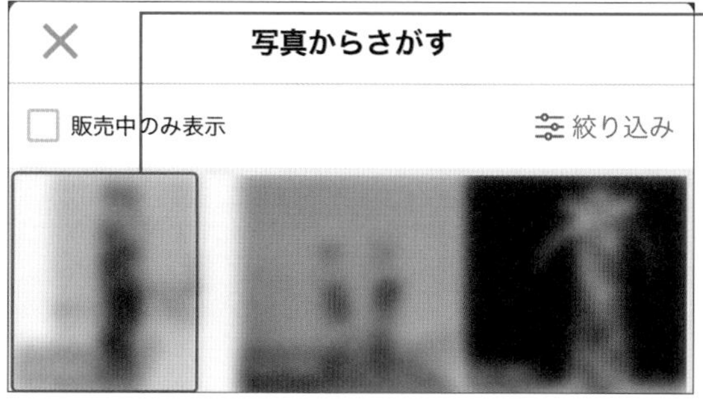

❸撮影した写真に類似する商品が表示され、任意の写真をタップすると、商品の詳細が表示されます。

MEMO　iPhone 内の写真で検索する

手順❷の画面で画面左下のサムネイルをタップすると、iPhone内に保存されている写真が表示されます。検索したい商品の写真をタップすると、写真検索ができます。

検索条件を保存する

同じ条件で商品を検索することが多いときは、検索条件を保存しておくと便利です。検索条件は30件まで保存可能で、保存した検索条件に関連する商品が出品された際の通知も設定できます。

検索条件を保存する

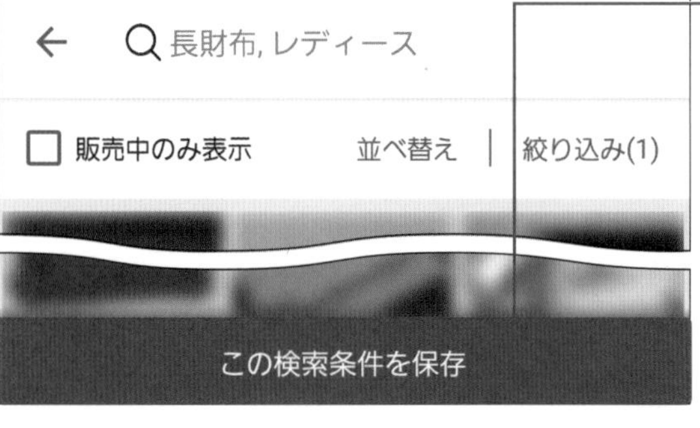

❶Sec.011 ～ 014を参考に検索を行い、検索結果画面下部の<この検索条件を保存>をタップします。

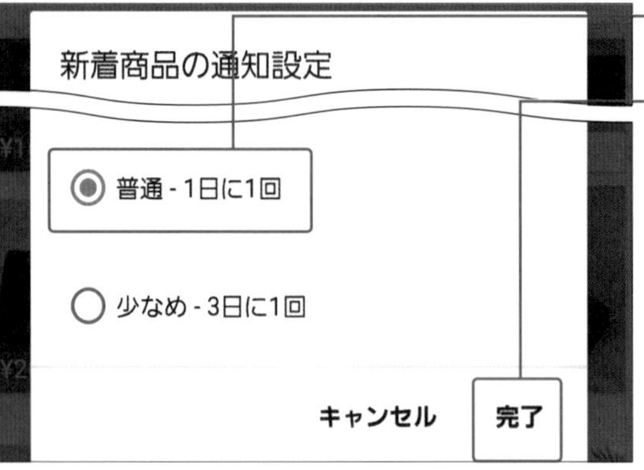

❷新着通知の有無や通知頻度を設定します。

❸<完了>をタップすると、検索条件が保存されます。

MEMO 保存した検索条件はどこに表示される？

保存した検索条件は、「ホーム」画面上部のメニュー一覧で<保存した検索条件>をタップすると表示されます。条件をタップすることで再検索できます。

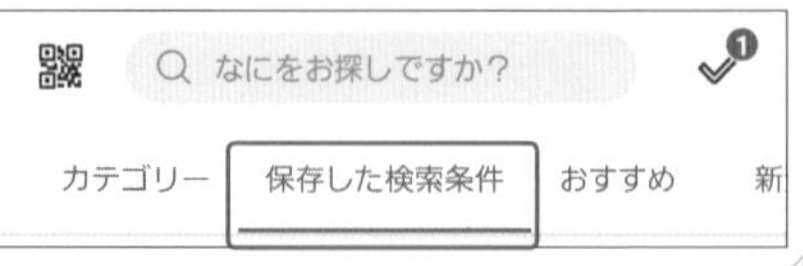

商品の表示を並べ替える

並べ替え

商品を検索すると、最初は「新着順」で検索結果が表示されます。並べ替え機能を使えば、ほかの条件で並び替えることが可能なので、自分に合った商品を見つけやすくなります。

並べ替え機能を使う

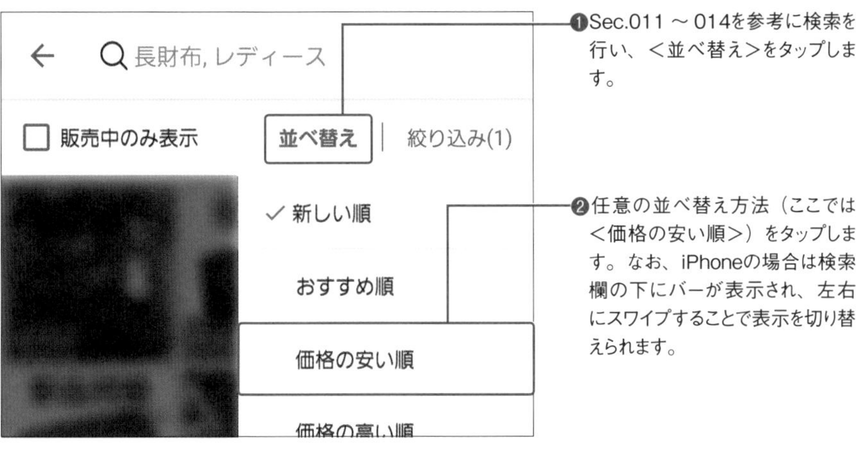

❶Sec.011 ～ 014を参考に検索を行い、＜並べ替え＞をタップします。

❷任意の並べ替え方法（ここでは＜価格の安い順＞）をタップします。なお、iPhoneの場合は検索欄の下にバーが表示され、左右にスワイプすることで表示を切り替えられます。

❸手順❷で指定した順番に商品が並べ替えられます。

MEMO いいね！順とは

いいね！順では、「いいね！」の数が多い商品から順番に表示されます。「いいね！」の数が多ければ多いほど人気がある商品といえます。

商品を絞り込む

絞り込み

検索した商品をさらに絞り込みたいときは、「絞り込み」機能を使ってみましょう。サイズや色、価格、商品の状態、配送料負担の有無など、より細かい条件を指定して検索することができます。

絞り込み機能を使う

絞り込み機能を使えば、より自分の目的に合った条件で商品を見つけることができます。出品する際のリサーチにも役立つので、ぜひ活用してみましょう。

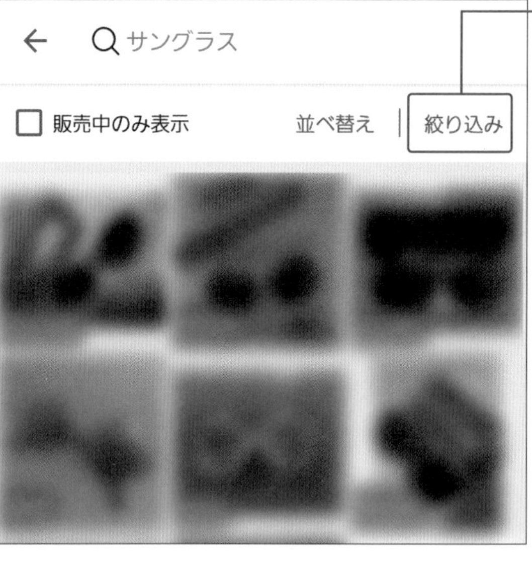

❶Sec.011 ～ 014を参考に検索を行い、<絞り込み>をタップします。

MEMO 売り切れの商品を非表示にしたい

メルカリの検索では、検索条件に該当すればすでに売り切れている商品も表示されてしまいます。売り切れの商品を除いて検索したいときは、手順❷の画面で、<販売中のみ表示>をタップしてチェックを付けましょう。

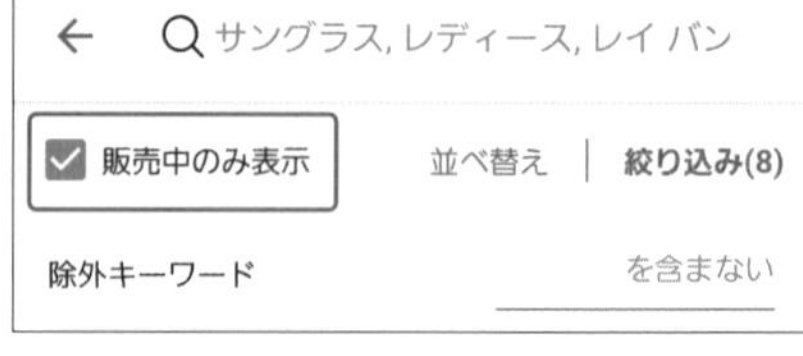

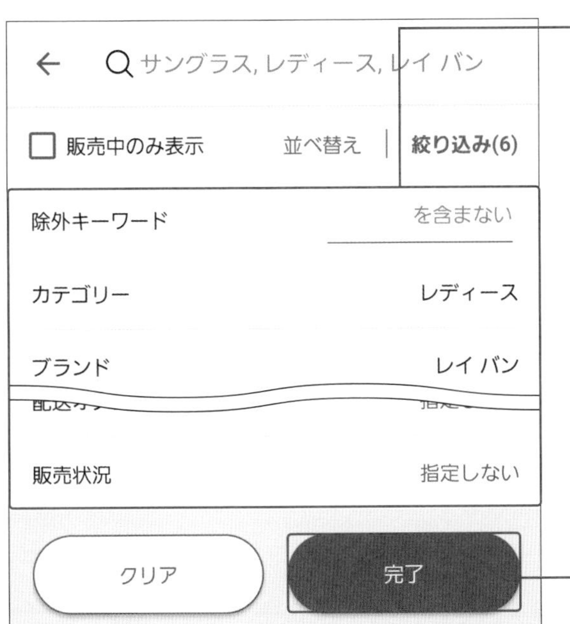

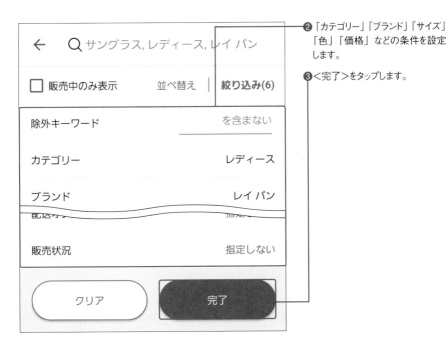

❷「カテゴリー」「ブランド」「サイズ」「色」「価格」などの条件を設定します。

❸<完了>をタップします。

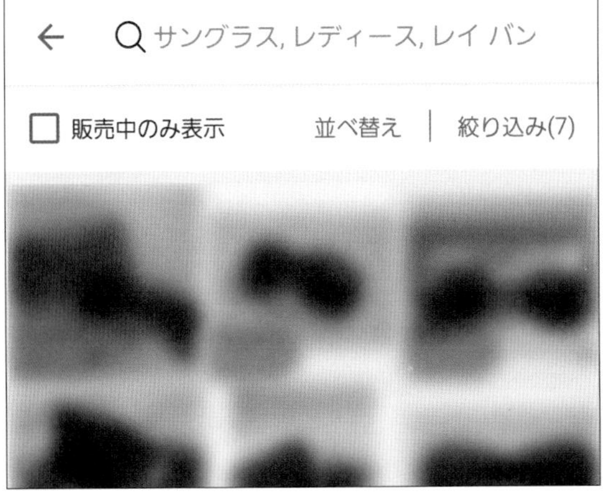

❹手順❷で指定した条件で検索が行われ、商品が絞り込まれます。

MEMO NOT検索を利用する

メルカリのキーワード検索は、AND検索やOR検索には対応していますが、指定した単語を除外して検索するNOT検索には対応していません（Sec.013参照）。NOT検索を利用したい場合は、手順❷の画面で、「除外キーワード」に除外したい単語を入力して絞り込み検索をするとよいでしょう。

商品情報を確認する

商品によっては思っていたものと違うというケースは少なくありません。トラブル防止のためにも、購入前には商品情報をしっかりと確認しておくようにしましょう。

商品情報を表示する

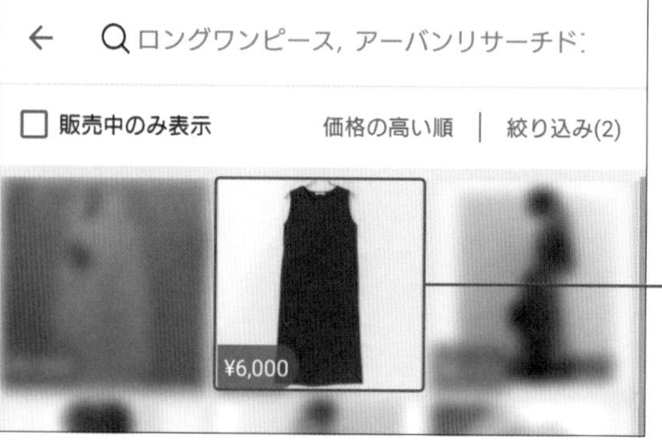

❶「ホーム」画面のタイムラインや検索結果から気になる商品の写真をタップします。

❷商品情報が表示されます。商品の価格は、画面下部に常に表示されています。送料込みの場合は送料も含んだ合計価格が表示されます。

商品情報を確認する

商品写真&商品名

商品写真や商品名のほか、「いいね！」の数やコメントなどを確認できます。

商品説明文

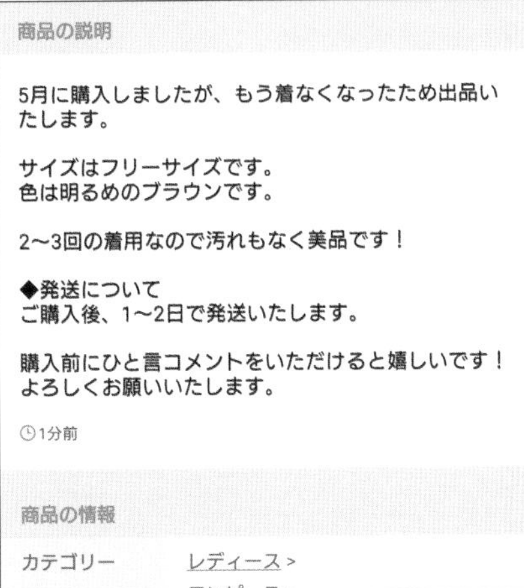

サイズや色、出品理由や使用頻度など、注意事項を確認できます。

商品の情報

商品のカテゴリーやサイズ、状態、送料負担の有無などを確認できます。

出品者情報&コメント

出品者の評価やこれまで出品した商品、コメントなどを確認できます。

「いいね!」した商品を確認する

気になる商品に付けた「いいね!」は、「マイページ」画面からいつでも確認することができます。「いいね!」を付けておけば、商品が値下げされたときも通知してくれます。

「マイページ」画面で「いいね！」した商品を確認する

DEAN&DELUCAグレー保冷バッグクーラーバッグエコバッグディーン&デルーカ
いいね！ 15　コメント 0

❶Sec.018を参考に商品ページを表示し、<いいね!>をタップします。ハートが❤に変わると、「いいね!」として保存されます。

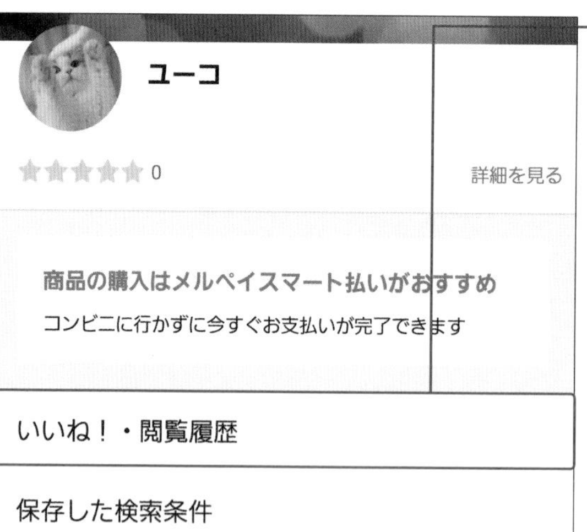

❷「マイページ」画面を表示し、<いいね!・閲覧履歴>をタップします。

いいね！　閲覧履歴
DEAN&DELUCAグレー保冷バッ...
¥3,444
16　0　534

❸<いいね!>をタップします。

❹手順❶で「いいね!」を付けた商品が表示されます。商品をタップすると商品ページに移動します。

気になる出品者をフォローする

フォロー

好きな商品を出品しているなど、気になる出品者がいる場合はフォローしておきましょう。フォローした出品者が新しく出品したときに通知してくれるので、買い逃しを防止できます。

出品者をフォローする

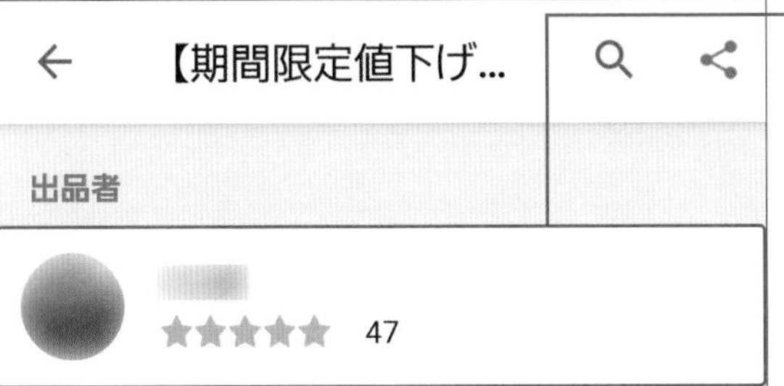

❶商品ページの「出品者」からユーザー名をタップします。

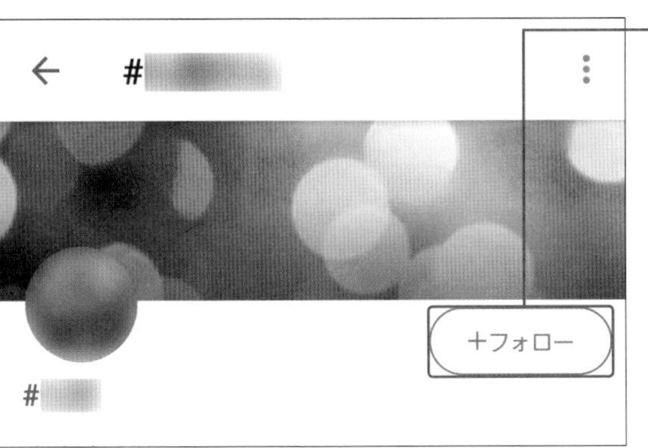

❷出品者のプロフィールが表示されるので、<フォロー>をタップすると、アイコンが「フォロー中」に変わります。

MEMO フォロー中のユーザーを確認したい

フォロー中のユーザーは、「マイページ」画面で<詳細を見る>→<フォロー中>の順にタップすることで確認できます。

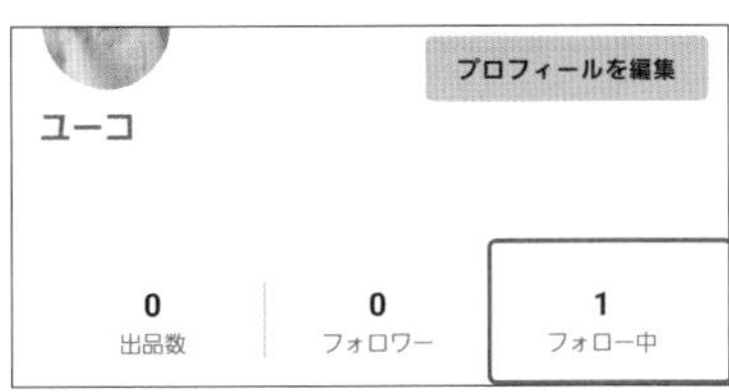

商品を購入する

メルカリの商品は、早い者勝ちルールの即購入制です。気になる商品を見つけたら、早めに購入することをおすすめします。支払い確認が完了すると、出品者から商品が発送されるしくみです。

商品ページから商品を購入する

❶商品ページで商品の情報を確認したら、＜購入手続きへ＞をタップします。

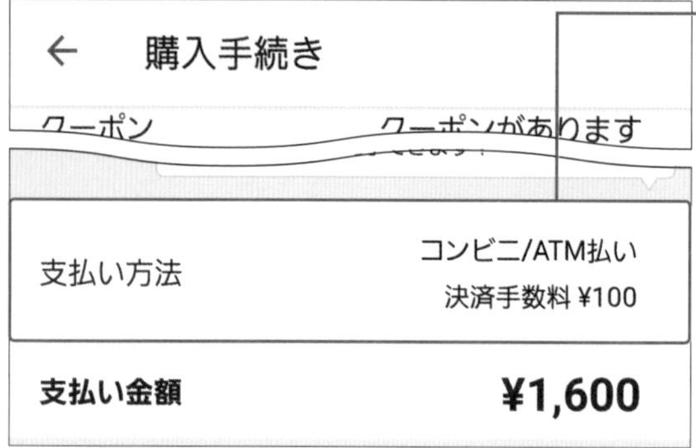

❷「購入手続き」画面が表示されます。支払い方法を変更する場合は、＜支払い方法＞をタップします。

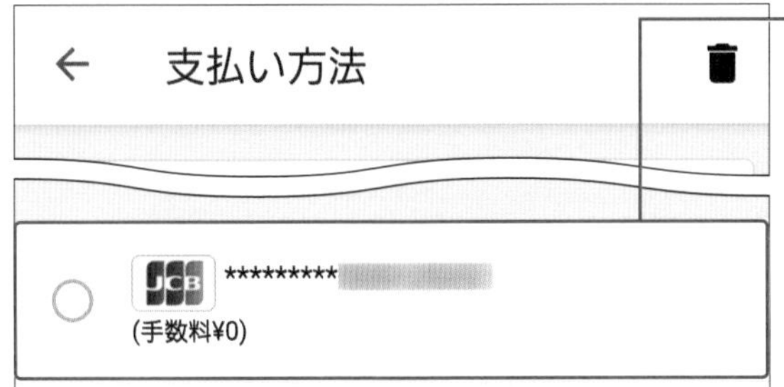

❸任意の支払い方法をタップします。

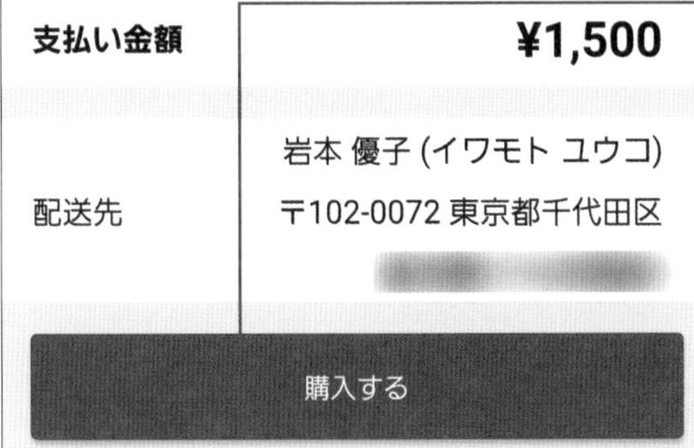

❹手順❷の画面に戻るので、支払い方法や配送先などを確認して、<購入する>をタップします。

商品代金 ¥1,500
支払い金額 ¥1,500
支払い方法 クレジットカード
商品を購入する

❺最終確認の画面が表示されるので、<商品を購入する>をタップすると、購入処理が完了します。なお、「コンビニ／ATM払い」を支払い方法として選択している場合は、3日以内の支払い期限が設けられているので注意しましょう。

MEMO ポイントを使って購入する

メルカリでは、友達招待・キャンペーンで発行されるポイントや売上金で購入したポイントを使ってショッピングすることができます。手順❷の画面で<ポイントの使用>または<メルペイ残高を使用する>をタップし、使いたい分のポイントを入力すると、1ポイント=1円分値引きされます。なお、<売上金でポイントを購入>をタップすると、無期限のポイントを購入することが可能です。

売上金の使用
売上金: ¥0
売上金でポイントを購入
ポイントの使用
所持ポイント: P0
ポイントがありません
dアカウント連携する

商品の受取評価をする

受取評価

購入した商品が手元に届いたら、「受取評価」を行いましょう。商品の状態や出品者とのやり取りなどから総合的に判断し、「良かった」「残念だった」のどちらかの評価を付けます。

 受取評価を行う

なにをお探しですか？

検索条件 おすすめ 新着 カテゴリー 保存し

あんしんあんぜんに
ご利用いただくための6つのサポートをご紹介

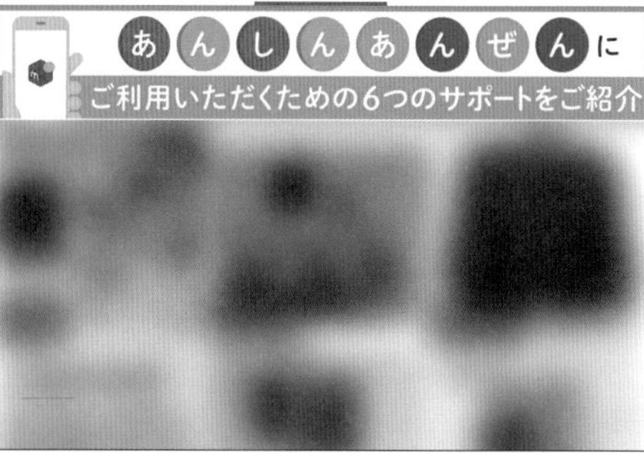

❶商品が手元に届いたら、「ホーム」画面右上のチェックマークをタップします。

← やることリスト

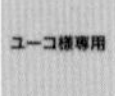

さんから「【ユーコ様専用】
」が発送されました。届いたら内容を確認して、受取評価してください
6分前

ご登録のメールアドレスに認証メールを送りました。メールに記載のURLをクリックして、メールアドレスを認証してください。
5日前

❷「やることリスト」画面が表示されるので、受取評価のメッセージをタップします。

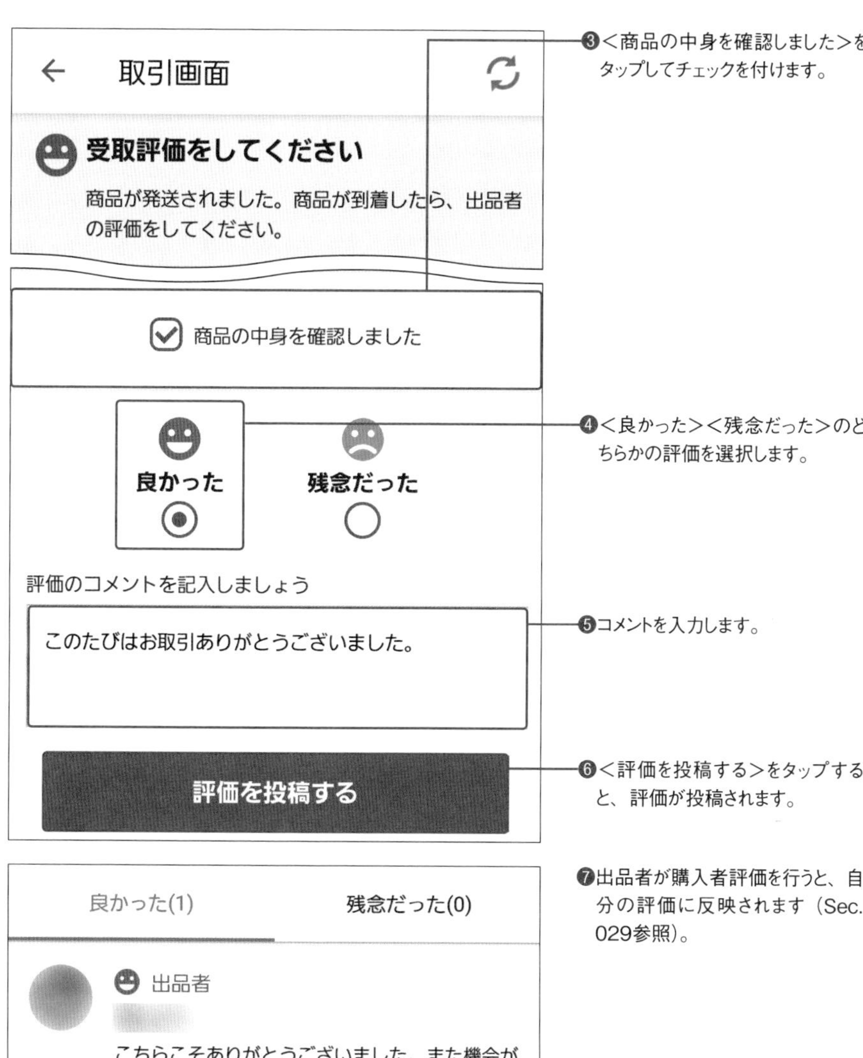

❸<商品の中身を確認しました>をタップしてチェックを付けます。

❹<良かった><残念だった>のどちらかの評価を選択します。

❺コメントを入力します。

❻<評価を投稿する>をタップすると、評価が投稿されます。

❼出品者が購入者評価を行うと、自分の評価に反映されます（Sec.029参照）。

MEMO 受取評価のコメント

受取評価のコメントは必ずしも入力する必要はありませんが、ひと言お礼を述べておくと相手によい印象を与えます。購入者評価の判断材料にもなるので、面倒だと感じてもコメントを付けておくのが望ましいでしょう。

売れ筋商品の探し方

メルカリはとても優れた売買プラットフォームですが、商品が魅力的でないと当然売れません。では、売れる商品はどのように探せばよいのでしょうか。ここでは売れる商品の探し方を3つ解説します。

商品の探し方3選

自分が不要になった不用品は、ほかの人にとって必要な場合もあります。「もう使わないけれど処分するのはもったいない」「商品自体はまだ使える」といったときはメルカリに出品しましょう。ただし、むやみに出品しても売れない可能性があります。ここでは売れる商品の探し方を紹介するので、出品の際の参考にしてみるとよいでしょう。

ライバルセラーを参考にする

商品ページから出品者プロフィールを表示すれば、ほかのユーザーがどのような商品を出品しているのかを確認することができます。

ここで注目したいのが「出品数」と「評価」です。出品数が多く「良かった」の評価が多い出品者は、それだけ優れた出品者であることになります。「プロフィール」画面にはこれまでに出品した商品の履歴が表示されているので、どのような商品が売れているのかをチェックしてみるとよいでしょう。

絞り込み検索を活用する

絞り込み機能を使って売り切れた商品だけを検索するのも有効です（Sec.017参照）。たとえば、「長財布　レディース」で検索し、絞り込み検索で「販売状況」を「売り切れ」に指定すれば、レディースの長財布で売り切れになった商品だけが表示されるようになります。売れ筋の商品の傾向をリサーチできるだけでなく、相場価格も確認できるためおすすめです。

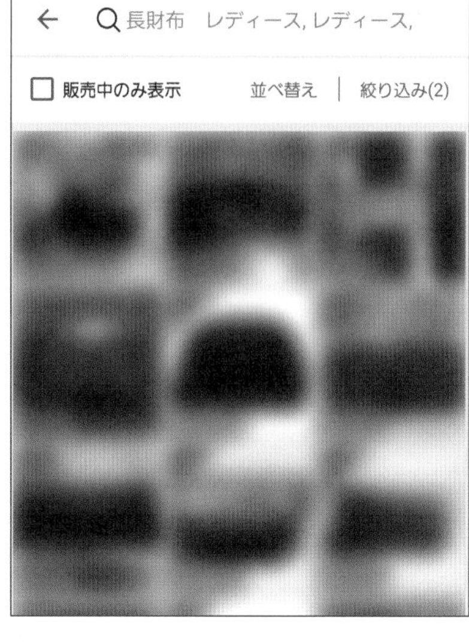

Amazonや楽天市場のランキングをチェックする

大手ショッピングサイトのAmazonや楽天市場では、売れ筋の商品がジャンルごとにランキング形式で紹介されています。プラットフォームこそ違えど、ランキング上位の商品は需要が高いため、メルカリでも十分に売れる可能性があります。

MEMO　そのほかのリサーチ方法

このセクションで紹介した方法以外にも、ニュースや雑誌、SNSなどで人気になった商品やシーズンものの商品も売れ筋です。これらの点を踏まえて仕入れに活かしてみましょう（仕入れの詳細は第6章を参照）。

商品の相場をチェックする

商品価格は自由に決められますが、高すぎては売れません。反対に安すぎると相場を崩すことになります。適正な価格を付けるためにも、出品前に必ず商品の相場をチェックしておきましょう。

メルカリ内検索で相場をチェックする

ここでは例として、「Pixel 4」を出品すると仮定して相場チェックを行っていきます。検索方法によっても結果が異なってくるため、カテゴリー検索、ブランド検索、キーワード検索など、さまざまな方法を併用して検索してみるとよいでしょう。

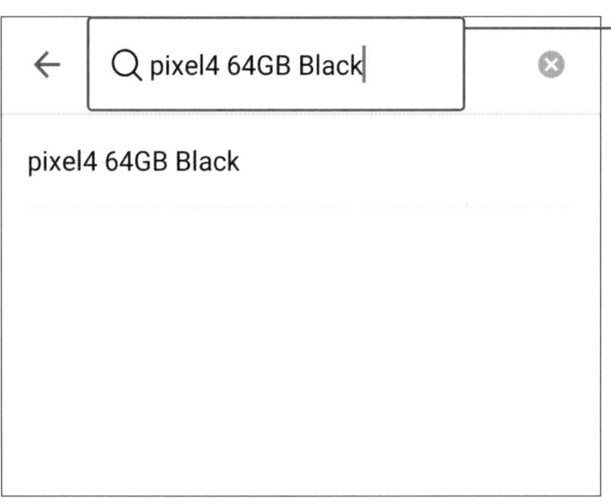

❶Sec.011 ～ 013を参考に商品を検索します。商品名やブランド、色、サイズなど、商品の特徴もできるだけ盛り込んで検索します。

❷検索結果が表示されたら<絞り込み>をタップします。

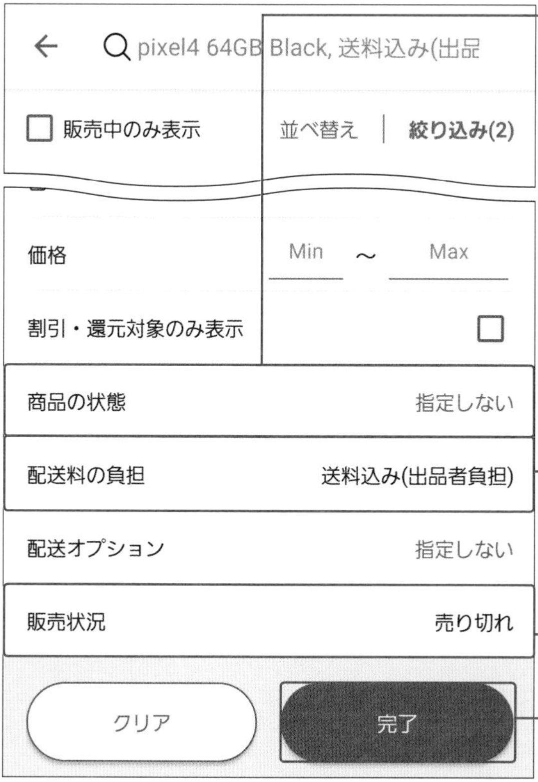

pixel4 64GB Black, 送料込み(出品
販売中のみ表示
並べ替え | 絞り込み(2)
価格 Min ～ Max
割引・還元対象のみ表示
商品の状態 指定しない
配送料の負担 送料込み(出品者負担)
配送オプション 指定しない
販売状況 売り切れ
クリア
完了

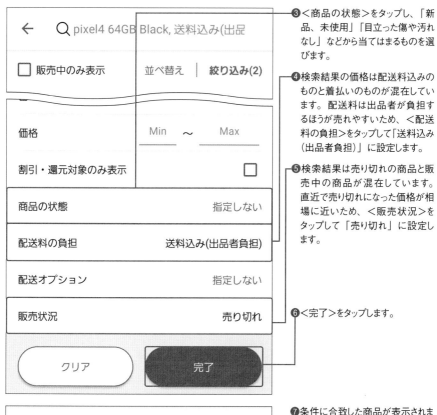

❸＜商品の状態＞をタップし、「新品、未使用」「目立った傷や汚れなし」などから当てはまるものを選びます。

❹検索結果の価格は配送料込みのものと着払いのものが混在しています。配送料は出品者が負担するほうが売れやすいため、＜配送料の負担＞をタップして「送料込み（出品者負担）」に設定します。

❺検索結果は売り切れの商品と販売中の商品が混在しています。直近で売り切れになった価格が相場に近いため、＜販売状況＞を タップして「売り切れ」に設定します。

❻＜完了＞をタップします。

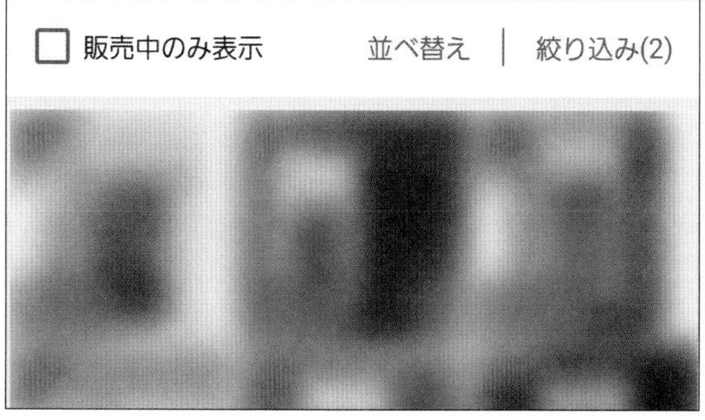

❼条件に合致した商品が表示されます。売り切れた商品の平均価格を見ると、この時点では5万5,000～6万5,000円がメルカリでのおおよその相場ということになります。

MEMO **写真検索で相場をチェックする**

写真検索を使って相場をチェックすることもできます（Sec.014参照）。検索後は手順❷以降を参考にして相場をチェックしましょう。商品に関する情報が少ないときや、キーワード検索・カテゴリー検索で該当する商品が見つからないときに活用すると便利です。

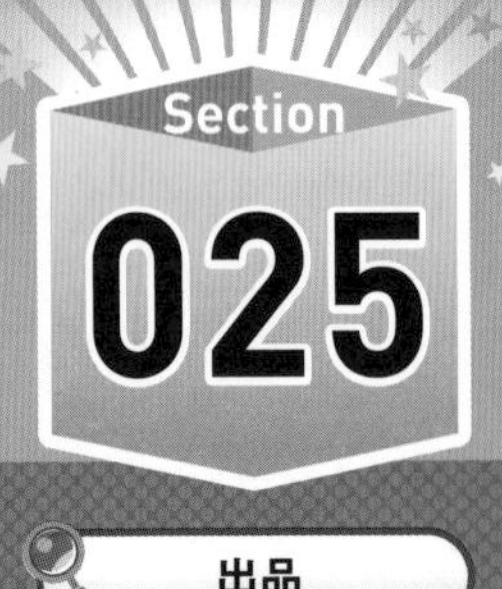

商品のバーコードを読み取って出品する

バーコードが付いている商品を出品する際は、「バーコード出品」機能が便利です。商品のバーコードをスキャンするだけで商品の情報が自動入力されるので、各項目を入力する手間が省けます。

バーコード出品機能で出品する

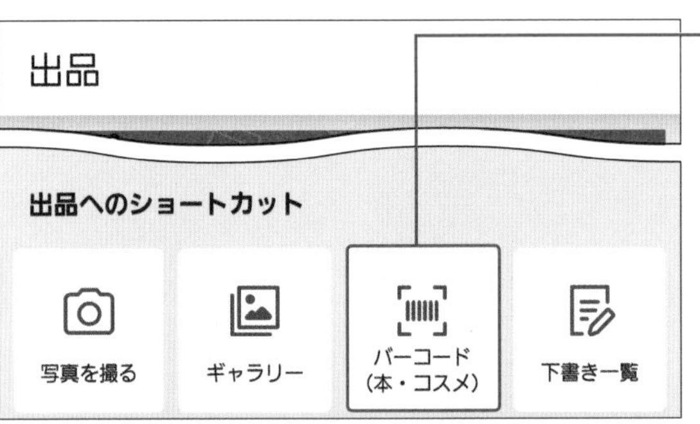

❶「出品」画面を表示して<バーコード>をタップします。

❷カメラに切り替わったら、中央のスキャナ部分に商品のバーコードを写します。

MEMO バーコードに対応していないジャンルもある

バーコード出品機能に対応している商品ジャンルは、「本」「音楽」「ゲーム」「コスメ」「香水」「美容」「家電」「カメラ」の8ジャンルです(2020年7月時点)。それ以外のジャンルを出品したいときは、手動で情報を入力する必要があります。

❸スキャンが完了すると、商品名と参考価格が表示されます。

❹<商品写真を撮る>をタップします。

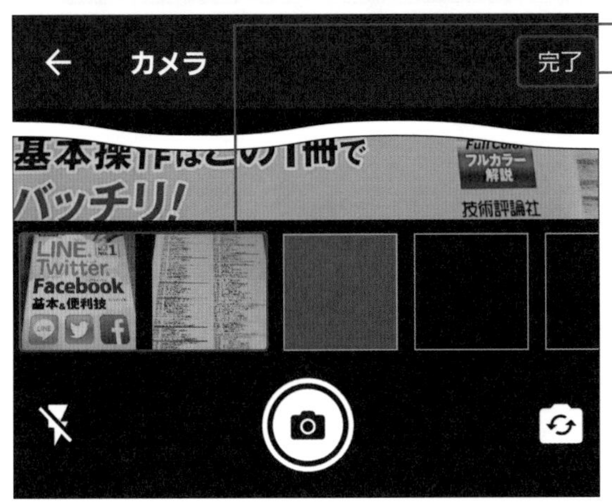

❺商品を何枚か撮影します。

❻商品を撮影したら<完了>をタップします。

❼「商品の情報を入力」画面が表示され、バーコードの情報をもとに、カテゴリーや商品説明文が自動的に入力されます。商品ページの作成方法はSec.027を参照してください。

写真を撮影して出品する

出品

商品写真は、メルカリの商品ページを構成する重要な要素です。写真は最大10枚まで添付できます。あらゆる角度から商品の状態がわかる写真を撮影しましょう。

商品の写真を撮影する

❶「出品」画面を表示し、<写真を撮る>をタップします。

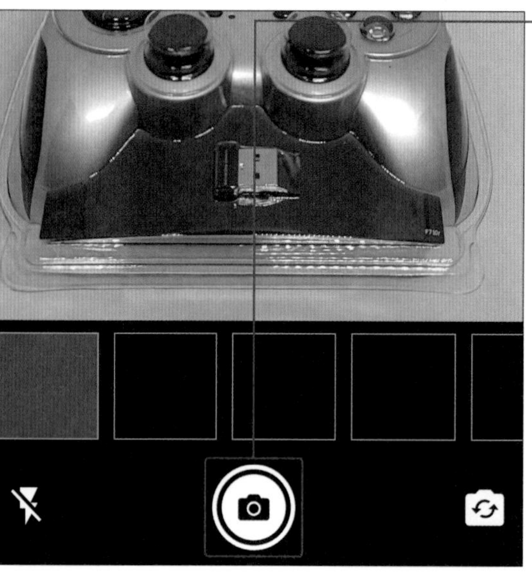

❷カメラに切り替わったら、被写体を中央の枠内に収めるように写し、◎をタップして撮影します。

MEMO スマートフォンに保存している写真を使う

手順❶の画面で<ギャラリー>（iPhoneの場合は<アルバム>）をタップすると、スマートフォンに保存している写真が一覧表示されるので、任意の写真をタップして写真を添付しましょう。

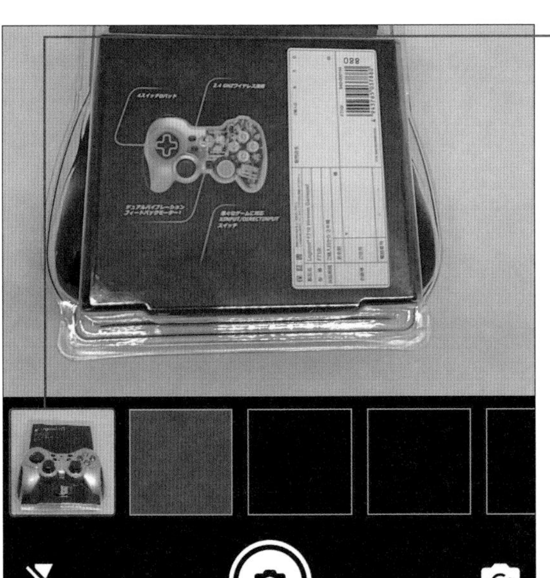

❸撮影した写真が反映されます。

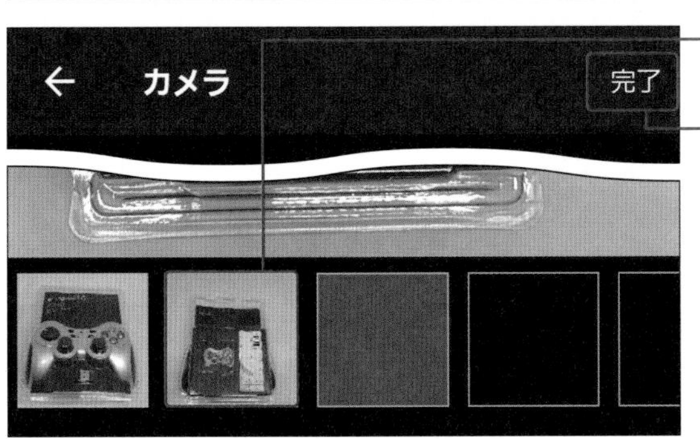

❹商品の向きを変えて、2枚目の写真を撮影します。

❺撮影が完了したら<完了>をタップします。

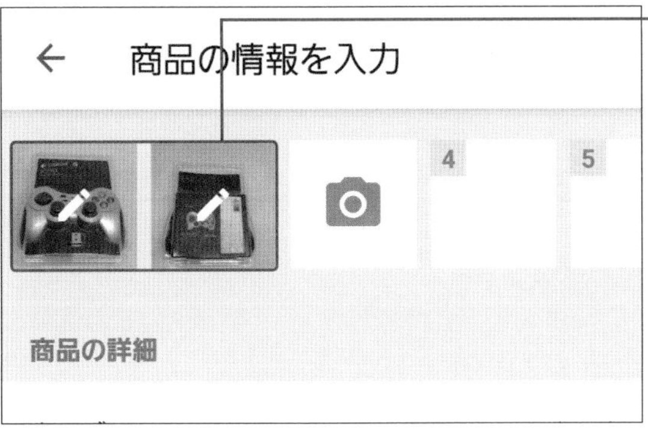

❻「商品の情報を入力」画面が表示され、撮影した写真が反映されます。商品ページの作成方法はSec.027を参照してください。

商品ページを作成する

商品の写真を撮影したら、商品ページを作成していきましょう。ブランドや商品の状態など、商品に関する必要な情報を入力していきます。配送についても細かく指定することが可能です。

商品の情報を入力して出品する

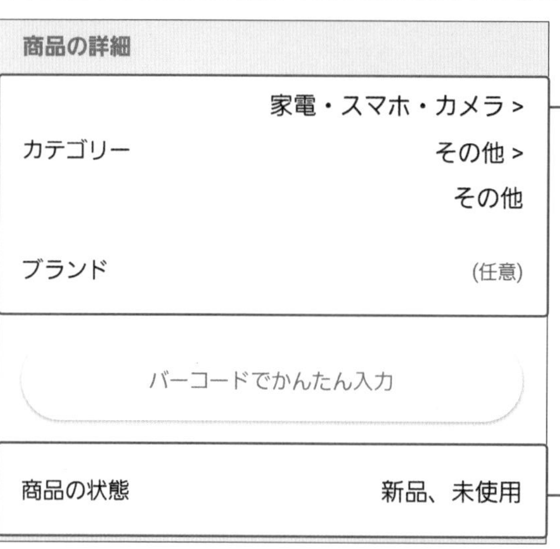

❶Sec.025 ～ 026を参考に商品を撮影し、商品ページを表示します。

❷商品の「カテゴリー」「ブランド」「商品の状態」を設定します。

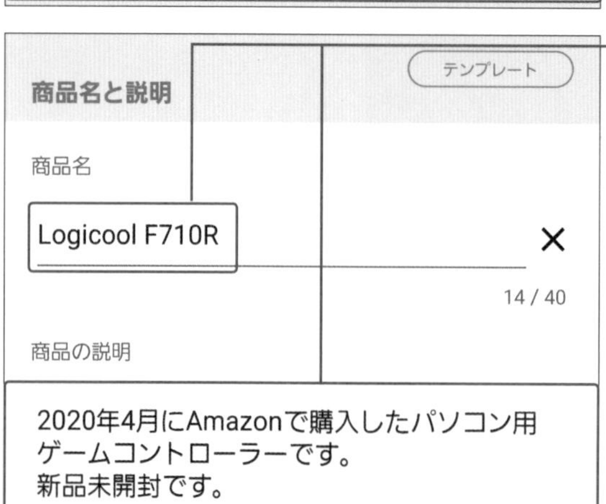

❸「商品名」「商品の説明」を入力します。商品の説明は1,000文字まで入力可能で、色や形状など、特徴を詳細に記入すると売れやすくなります。なお、＜テンプレート＞をタップすると、商品ジャンルに合わせたテンプレートを挿入できます。

← 商品の情報を入力
配送について
配送料の負担 送料込み(出品者負担)
配送の方法 らくらくメルカリ便
発送元の地域 岡山県
発送までの日数 2~3日で発送

❹「配送料の負担」「配送の方法」「発送元の地域」「発送までの日数」を設定します。

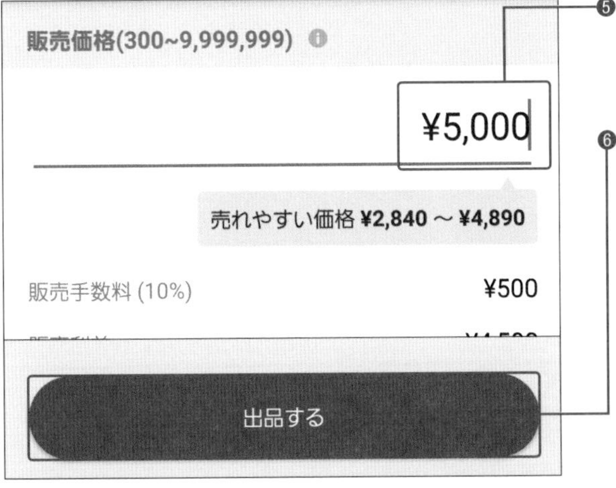

❺商品の「販売価格」を入力します。おおよその相場も表示されているので、参考にしてみるとよいでしょう。

❻すべての項目を入力し終わったら、＜出品する＞をタップして商品を出品します。

MEMO 下書き機能を活用する

商品ページの作成は、慣れている人でも時間がかかるものです。途中で中断したくなったときは、画面を上方向にスワイプし、＜下書きに保存＞をタップします。下書き保存した商品は「出品」画面の＜下書き一覧＞をタップすると呼び出すことができ、途中から作業を再開できます。

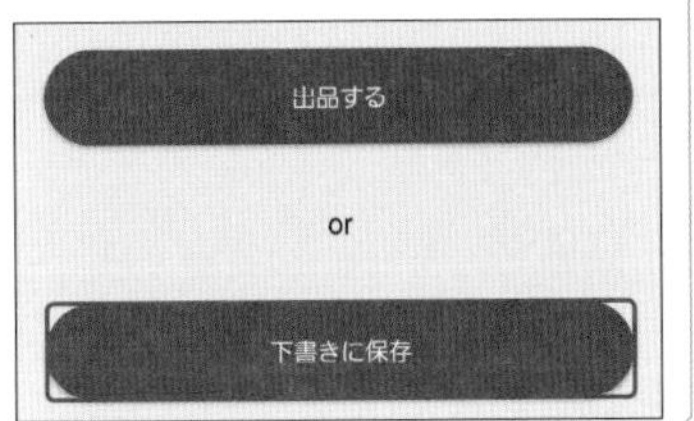

売れた商品を発送する

出品した商品が売れて購入者の支払いが完了したら、商品を発送しましょう。配送方法にはメール便や宅急便などさまざまありますが、ここでは匿名配送で送る方法を解説しています。

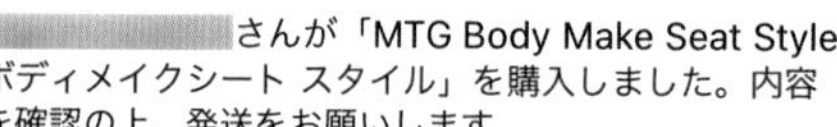

商品を発送して発送通知を送信する

やることリスト

さんが「MTG Body Make Seat Style ボディメイクシート スタイル」を購入しました。内容を確認の上、発送をお願いします

2時間前

❶Sec.022を参考に「やることリスト」画面を表示し、発送通知をタップします。

取引画面

らくらくメルカリ便で発送する

商品が購入され支払いされました。発送してくださ

コンビニ・宅配便ロッカーから発送

ヤマトの営業所へ持ち込んで発送

ヤマトの集荷サービスを利用して発送

※ 集荷料¥30が追加されます

メルカリポストから発送

近所のメルカリポストを探す

❷匿名配送（らくらくメルカリ便／ゆうゆうメルカリ便）を設定している場合は、発送方法を選択します。画面の指示に従って二次元コードなどを発行し、発送手続きを行います。

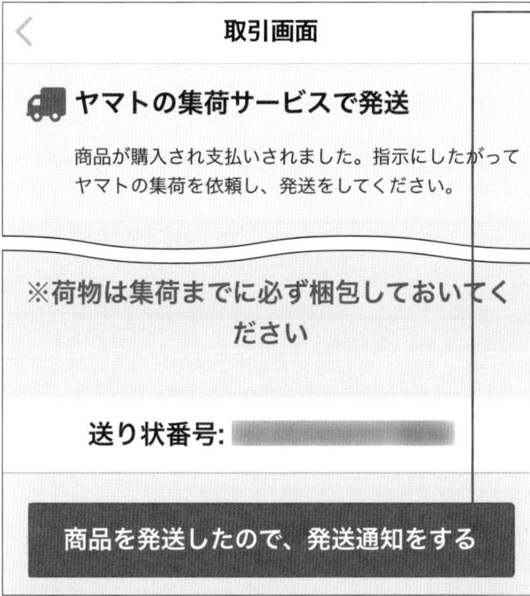
取引画面
ヤマトの集荷サービスで発送
商品が購入され支払いされました。指示にしたがって
ヤマトの集荷を依頼し、発送をしてください。
※荷物は集荷までに必ず梱包しておいてください
送り状番号:
商品を発送したので、発送通知をする

❸商品を発送したら、<商品を発送したので、発送通知をする>をタップします。

集荷時にヤマトのドライバーに送り状番号を提示し、発送してください

発送通知
商品を発送しましたか？
いいえ　はい
送り状番号:

❹<はい>をタップすると、購入者に商品が発送されたことが通知されます。

MEMO **メルカリで使用できる配送方法**

メルカリには「普通郵便」「クリックポスト」「ゆうパック」などの配送方法がありますが、自分と購入者の名前や住所を知らせずに配送できる「らくらくメルカリ便」「ゆうゆうメルカリ便」が多く利用されています。商品の大きさに合わせて使い分けるとよいでしょう。どの配送方法がよいかわからないときは、「出品」画面で「配送について」の横に表示されているⓘをタップし、<かんたん配送ナビ>をタップすると、質問に答えていくだけで最適な配送方法を教えてくれます。

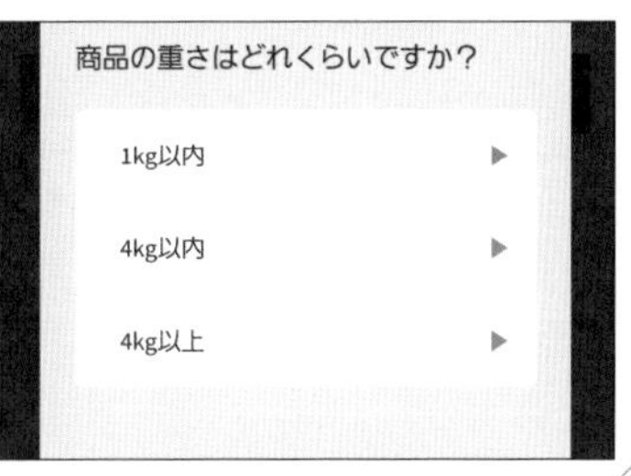
商品の重さはどれくらいですか？
1kg以内
4kg以内
4kg以上

購入者を評価する

購入者が出品者評価を完了すると、「やることリスト」に購入者の評価をするよう通知が届きます。これまでの取引内容から総合的に判断し、評価を付けて取引を完了しましょう。

購入者評価を行う

✔ 評価をしてください

購入者に商品が到着し評価がありました。購入者の評価を行って取引を完了してください。
※評価は取引が終わった後で見ることができます

評価

良かった

残念だった

評価のコメントを記入しましょう

この度はお取引ありがとうございました。また機会があればよろしくお願いいたします。

購入者を評価して取引完了する

❶Sec.022を参考に「やることリスト」画面を表示し、評価に関する通知をタップします。

❷＜良かった＞＜残念だった＞のどちらかの評価を選択します。

❸コメントを入力します。

❹＜購入者を評価して取引完了する＞をタップします。

購入者の評価

購入者を評価して取引を完了しますか？

いいえ　はい

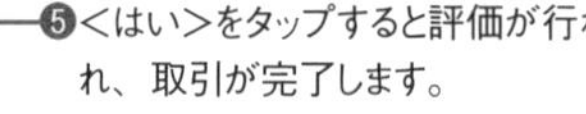

❺＜はい＞をタップすると評価が行われ、取引が完了します。

売上金を受け取る

出品した商品の売上金を現金化するためには、事務局に「振込申請」を行う必要があります。あらかじめ口座登録を済ませておきましょう。

振込申請を行う

ここでは振込申請の手順を解説します。振込申請を行う前に、Sec.009を参考に銀行口座を登録しておきましょう。

振込申請 ＞
ガイド ＞

❶画面下部の<メルペイ>をタップし、<振込申請>をタップしたら、振込先を確認して<次へ>→<はい>の順にタップします。

振込申請金額	¥1,350
申請金額は201円から可能です	
振込手数料	¥200
振込金額	¥1,150

6/30(火)に入金するには**6/29(月)8時59分までに**振込申請が必要です
振込日を確認
確認する

❷<振込申請金額>をタップし、現金化したい金額を入力します。

❸<確認する>→<はい>の順にタップすると、数日以内に手数料を差し引いた金額が振り込まれます。

> **MEMO 売上金には振込期限がある**
>
> 売上金には通常180日の振込期限が設けられています。ただし、メルペイに登録すると申請期限は無期限となり、いつでも申請が可能です。

出品した商品の情報を編集する

出品中の商品情報はあとから変更することができます。「マイページ」画面の「出品した商品」から変更したい商品を選択して追記・修正しましょう。書き忘れや新しい情報を追加したいときに便利です。

商品の編集画面で情報を追記・修正する

商品購入はメルペイスマート払いがおすすめ
今すぐ使えて支払いはまとめて7月31日まででOK
いいね！・閲覧履歴
保存した検索条件
出品した商品
購入した商品

❶「マイページ」画面を表示し、<出品した商品>をタップします。

出品した商品　編集
出品中　取引中　売却済み
¥16,700
1　0　97　10時間前
¥1,350
1　0　58　10時間前

❷出品中の商品が一覧表示されるので、編集したい商品をタップします。

MEMO　取引中／売却済みの商品は編集できる？

売却される前の商品であれば、画像や商品説明文を自由に変えることができます。ただし、売却済みの商品の情報は編集することができません。

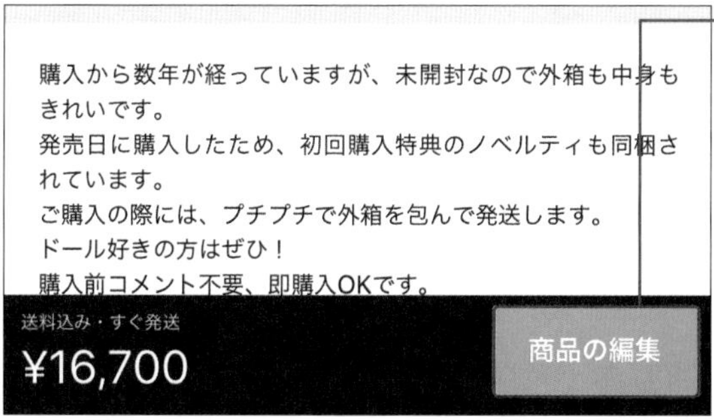

購入から数年が経っていますが、未開封なので外箱も中身もきれいです。
発売日に購入したため、初回購入特典のノベルティも同梱されています。
ご購入の際には、プチプチで外箱を包んで発送します。
ドール好きの方はぜひ！
購入前コメント不要、即購入OKです。

送料込み・すぐ発送
¥16,700
商品の編集

❸商品ページが表示されたら、＜商品の編集＞をタップします。

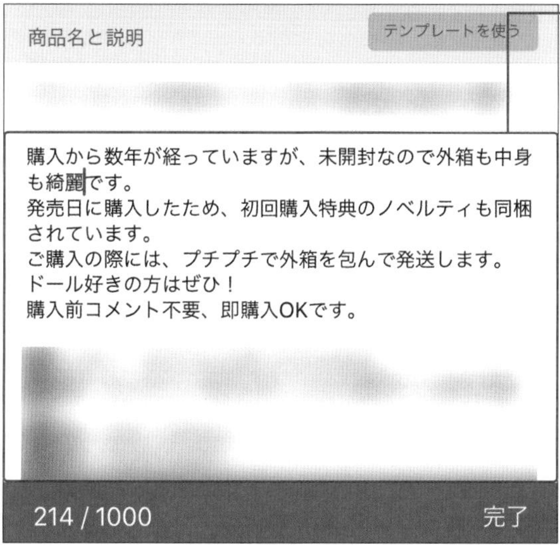

商品名と説明　テンプレートを使う

購入から数年が経っていますが、未開封なので外箱も中身も綺麗です。
発売日に購入したため、初回購入特典のノベルティも同梱されています。
ご購入の際には、プチプチで外箱を包んで発送します。
ドール好きの方はぜひ！
購入前コメント不要、即購入OKです。

214 / 1000　完了

❹編集したい項目をタップし、必要に応じて追記・修正します。

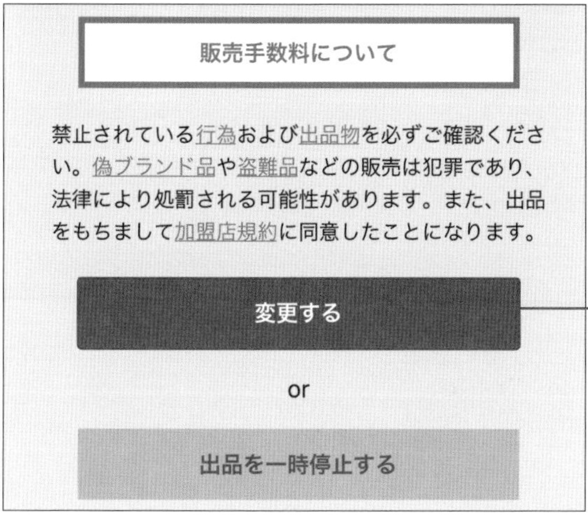

販売手数料について

禁止されている行為および出品物を必ずご確認ください。偽ブランド品や盗難品などの販売は犯罪であり、法律により処罰される可能性があります。また、出品をもちまして加盟店規約に同意したことになります。

変更する

or

出品を一時停止する

❺＜変更する＞をタップすると、編集した情報が反映されます。

商品を値下げする

商品がなかなか売れないときは、思い切って値下げしてみるのも1つの手です。ただし、価格の下げすぎは自分の利益につながらなくなってしまうため、気持ち程度に下げるのが効果的です。

商品の編集画面から価格を変更する

販売価格 (300〜9,999,999)

販売価格	1300
販売手数料	¥130
販売利益	¥1,170

販売手数料について

完了

❶Sec.031を参考に商品の編集画面を表示し、<販売価格>をタップして、値下げ後の価格を入力します。

禁止されている行為および出品物を必ずご確認ください。偽ブランド品や盗難品などの販売は犯罪であり、法律により処罰される可能性があります。また、出品をもちまして加盟店規約に同意したことになります。

変更する

❷<変更する>をタップすると、価格が変更されます。

MEMO まとめて値下げ機能とは

メルカリには、複数の商品を出品している場合にまとめて値下げできる「まとめて値下げ」機能が用意されています。「いいね！」や閲覧が多ければまとめて値下げ機能の対象となり、「出品した商品の一覧」画面に「値下げして売れやすくなる商品があります」というバナーが表示されます。バナーをタップして値下げしたい商品にチェックを付けると、まとめて500円値引きされます。

値下げして売れやすくなる商品があります

ADDICTION アディクション アイシャドウ
¥5,000
♡0 0 34 4日前

マスキングテープ
¥1,000
♡0 0 27 4日前

ウランガラス一輪挿し

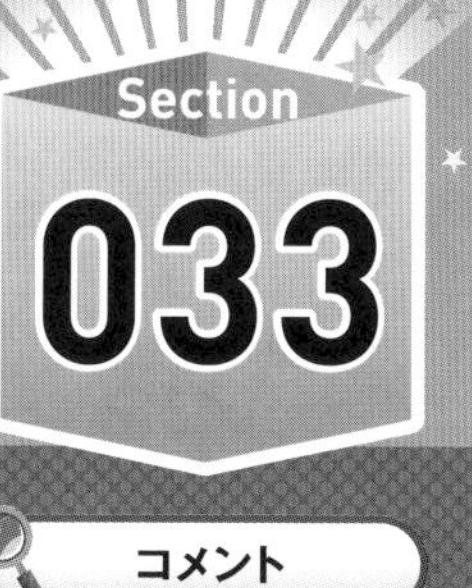

ユーザーからの質問に回答する

コメント

商品の出品中に、購入を検討しているユーザーから質問されることが多々あります。質問に対していねいに対応することで、購入してもらえる確率がアップします。

ほかのユーザーからのコメントに返信する

艦これ　艦隊これくしょん　時雨改二 夕立改二
プレミアムフィギュア　SEGA

いいね！ 1　コメント 1　…

ユーコ
初めまして。購入を検討しているのですが、こちらのフィギュアは開封していたとのことですが、どういう状態で保管されていましたか？
3分前

購入を検討されているとのこと、ありがとうございます。
こちらは日光は避けて3年ほど陳列していました。
埃や汚れが付いたら刷毛で取るなど、定期的にお手入れはしていましたよ。

送信

❶コメントが付くと通知が届くので、通知をタップします。

❷商品ページが表示されたら<コメント>をタップします。

❸ユーザーからの質問を確認して回答を入力します。

❹<送信>をタップすると、コメントが反映されます。

コメントを削除したい

商品に付けたコメントは、出品者にしか削除権限がありません。特定のコメントを削除したいときは、コメント右下の→<削除>の順にタップします。

ユーコ
初めまして。購入を検討しているのですが、こちらのフィギュアは開封していたとのことですが、どういう状態で保管されていましたか？
3分前

COLUMN

出品した商品ページを削除したいときは？

出品中の商品を取り下げたいときは、間違ってほかのユーザーに購入されないよう速やかに商品ページを削除しておきましょう。なお、一度削除した商品ページはもとに戻すことができないため、慎重に行う必要があります。

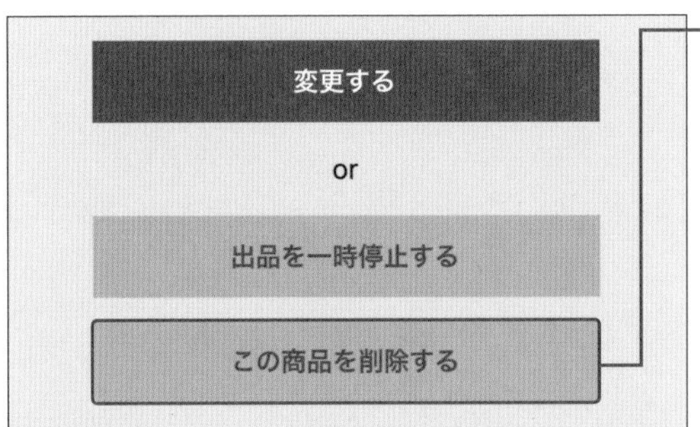

❶Sec.031を参考に商品の編集画面を表示し、<この商品を削除する>をタップします。

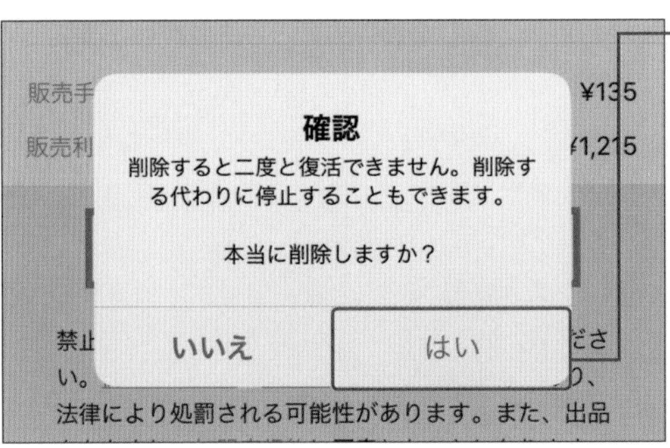

❷<はい>をタップすると商品ページが削除されます。

MEMO 一時的に取り下げたいのなら出品停止に

商品ページは削除するともとに戻すことができません。商品の出品を一時的にやめたいのであれば、商品ページを削除するのではなく、出品停止にするほうがよいでしょう。手順❶の画面で<出品を一時停止する>をタップすると、商品ページが非公開になります。なお、一時停止中の商品ページを表示して<出品を再開する>をタップすれば、商品が再出品されます。

閲覧率アップ!
商品の撮影テクニック

メルカリでは商品写真が非常に重要です。ここでは、商品の配置や撮影角度といった基本的なことからカテゴリ別の撮影方法など、商品をきれいに撮るための撮影テクニックを紹介しています。撮り方次第で印象も大きく変わるため、ポイントを押さえて、思わず見たくなるような写真に仕上げましょう。

商品撮影

売れる写真のポイント

商品を確実に購入してもらうためには、商品写真を目立たせて多くの人に見てもらうことが大切です。ここで紹介するポイントを意識して、売れる写真を撮影してみましょう。

写真撮影のポイント4選

ここでは、写真撮影におけるポイントを4つ紹介していきます。

ポイント①アピールポイントを撮影する

商品を撮影する際は、商品のアピールポイントなど、いかに商品をわかりやすく伝えられるかが重要になってきます。正面、側面、裏面など、あらゆる角度から撮影するのはもちろんですが（Sec.035参照）、ブランドロゴや製品タグ、型番といったような、**どのブランドやメーカーが製造したのかがわかる情報は商品価値が上がるため、積極的に撮影してアピールしていくべき**でしょう。

また、たとえば衣類では、ほつれや汚れなどはできるだけ隠したくなるものですが、中古商品である場合は、マイナスな部分を隠さず撮影することで、クレーム防止にもつながります。

商品によっては充電器や外箱など付属品が付いているものもあります。商品に含まれるものはすべて写真に収めるのがベストです。

アピールポイントの例

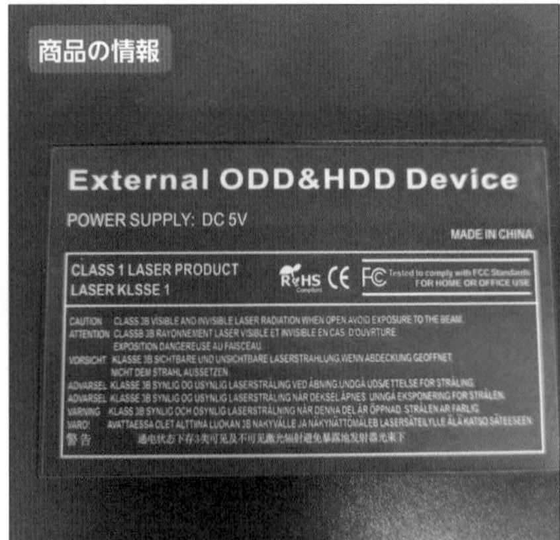

ポイント②写り込み防止対策に単色の背景を使用する

商品はわかりやすさだけでなく、清潔さも欠かせません。いくら商品の状態がよくても、散らかった環境で撮影しては信頼を損なう原因になります。余計な写り込みを防ぐためにも、なるべく単色の布やボードなどの背景をセットして撮影しましょう。

また、背景も重要です。商品写真の背景色は白色がスタンダードですが、白色の商品+白色の背景の組み合わせは商品の輪郭がぼやけたり、背景と同化したりする可能性があります。そのようなときは、背景色を黒色などの別の色に変更することで、商品を引き立てることができます。出品する商品によって背景色を調整するのがポイントです(Sec.039参照)。

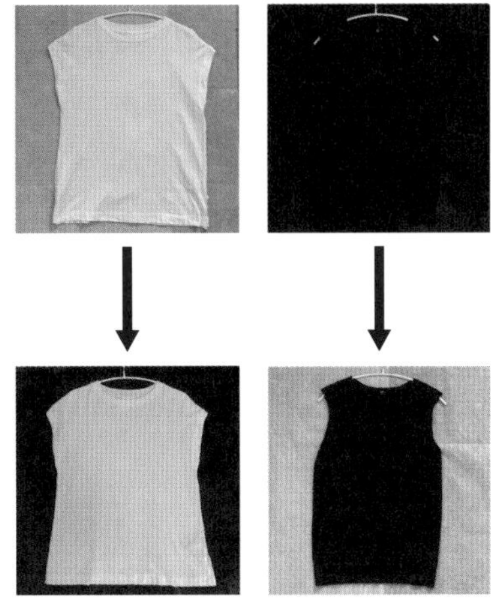

▲商品と背景色が同化しないように、商品によって背景色を変えることも大切。

ポイント③明るさは自然光がベスト

商品写真は室内で撮影することがほとんどですが、暗くなりがちなのがネックです。可能であれば日中の自然光を活用すると、明るくきれいに撮影できます。やむを得ず夜に撮影する場合は、昼白色または昼光色の明かりを当てたり、カメラの露出補正を上げたりするなど、明るさを調節してから撮影するようにしましょう。

◀自然光（左）と蛍光灯（右）で撮った写真。自然光か蛍光灯かによって写真の見え方は大きく変わる。商品のよさを引き立てられるよう明るさも意識して撮影する。

MEMO　撮影ボックスが便利

撮影環境を整えるのが大変なときは、写り込み防止や明るさ調整など、写真を撮影する際の課題を解決してくれる撮影ボックスが便利です。黒や白など複数の背景布もセットになっているため、商品によって使い分けることができます。

効果的な商品の配置方法と撮影角度

商品撮影

見やすい写真を撮影するためには、商品の配置方法や撮影角度を意識する必要があります。見せ方次第でユーザーの反応も変わるため、ポイントを押さえて撮影にチャレンジしてみましょう。

配置のポイント

商品の状態をきれいに整える

たとえば、衣服であればしわを伸ばす、家電製品であればほこりを拭いたり指紋を拭き取ったりするといったように、まずは撮影前に商品をきれいな状態に整えておくことが大切です。

商品をまっすぐにそろえる

被写体となる商品が垂直または水平になるように撮影します。商品が曲がっていてはよい印象を与えません。まっすぐになっているかがわからないときは、カメラのグリッド機能をオンにすると縦横にガイドラインが表示されるため、それに合わせて配置するときれいに撮影できます。なお、商品によっては斜めから撮影することで見栄えがよくなったり、奥行き感を出せたりするものもあります。

MEMO 写真は正方形の比率（1：1）で撮影する

商品写真は1：1の比率がデフォルトになっています。スマートフォンのカメラで撮影するときは、最初から「正方形（1：1）」サイズに合わせて撮影すると、トリミングの手間を省くことができます。

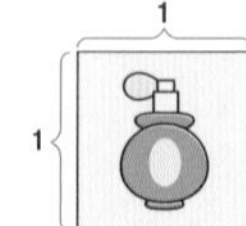

撮影角度のポイント

メルカリは最大10枚までの写真を添付できますが、必ず盛り込んでおきたいのが「正面」「側面」「裏面または底面」「アピールポイントの接写」です。それぞれの撮影角度についてポイントを見ていきましょう。

正面

正面の写真は商品の全体像がわかるように撮影することで、商品の形や大きさなどをひと目で視認できるようになります。

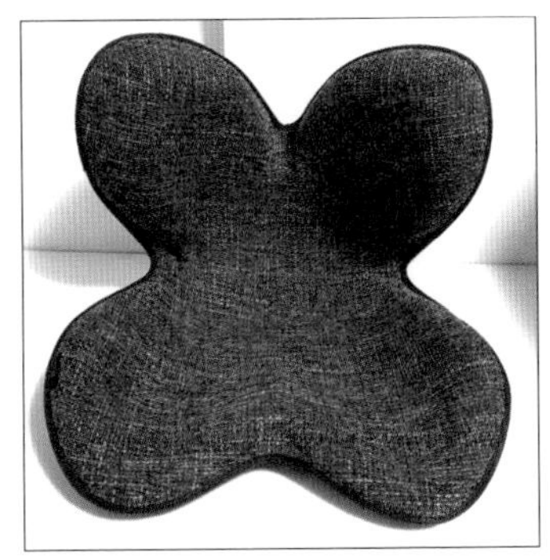

側面

正面からではわからない商品の側面を撮影します。奥行きがわかり、商品のサイズ感がつかみやすくなります。

裏面（底面）

家電製品や化粧品などは商品名や型番が記載されていることが多いです。

アピールポイントの接写

柄や素材など商品の特徴となる部分を接写で撮影します。ブランドロゴやタグもアピールポイントになります。

購入の決め手は1枚目の写真にかかっている

商品ページの1枚目の写真は、ほかのユーザーが最初に目にする部分であり、購入の決め手となる重要な視覚情報です。ここでは、思わず目に留まる1枚目の写真作りのポイントを解説していきます。

1枚目の写真作成のポイント

メルカリのタイムラインには、商品写真と価格のみしか情報が表示されていないため、どのような商品であるのかは1枚目の写真の印象で決まるといっても過言ではありません。メルカリでは商品の実物を見ることができないため、1枚目の写真で「気になる」「もっと見てみたい」と思ってもらえなければ、購入にまでいたるケースは少ないでしょう。2枚目以降の写真がどれほどよくても、1枚目にインパクトがなければ商品は見てもらえないため、購入者の印象に残るように、1枚目の写真はとくに力を入れて撮影する必要があります。このセクションで紹介するテクニックを組み合わせて、1枚目に使えるような写真を撮影しましょう。

商品の全体像がわかる構図にする

商品の構図は全体像が最適です。全体像を写せば、どのような商品なのかがひと目でわかります。

写真に文字を入れる

写真だけでは伝わりにくい情報を補足することができます。たとえば、商品名やブランド名、新品や美品（中古品の中でも状態がきれいなもののこと）などのアピールポイントを入力したり、購入意欲を高めるようなメッセージを入力したりすることで、類似商品との差別化を図ることができます（Sec.042参照）。ただし、商品写真の邪魔にならない位置・大きさで入れるようにしましょう。

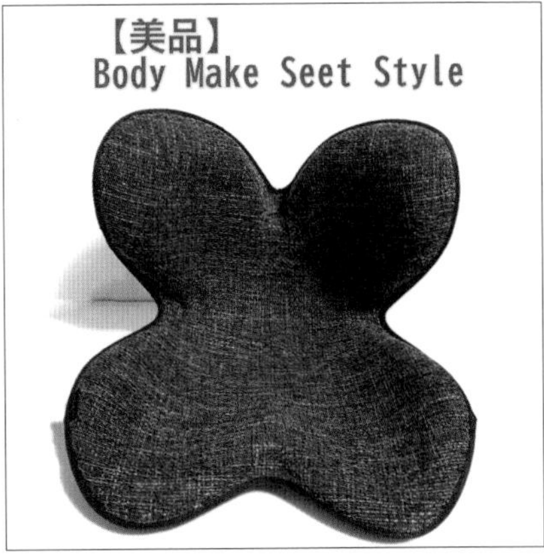

写真にフレームを付けて目立たせる

写真の縁にフレームを付けることで、多くの商品がずらりと並ぶタイムラインでもひと際目立たせることができます。とくにライバルセラーが多い商品に使うと効果的です。

写真は明るめにする

写真が暗いと商品本来の色味がわかりにくく、魅力が伝わらなくなってしまいます。日中であればできるだけ自然光を取り入れて撮影するのがおすすめですが、やむを得ず暗い場所で撮影する場合は、レフ板やライトを必ず使用しましょう。機材を用意するのが困難な場合は、写真編集アプリなどで明るさや露出を調整します（Sec.041参照）。

Before

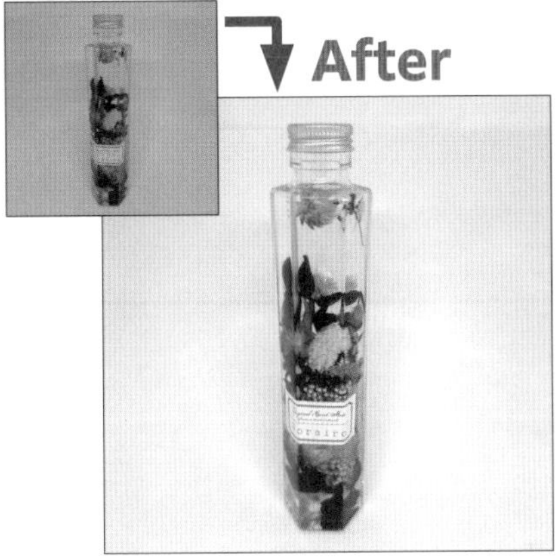

商品撮影

2枚目以降は商品の細部を載せる

商品ページの2枚目以降の写真には、店頭で実際に手に取っている感覚をイメージして撮影してみましょう。ユーザー目線で気になるポイントを写すのが効果的です。

商品ジャンルごとの撮影方法

2枚目以降の写真には、商品の状態をより詳細に伝えるために、その商品のアピールポイントや欠点などがしっかりわかるような写真を載せるようにしましょう。たとえば、商品の後ろ側や、ブランドロゴや柄、サイズといった特徴部分の接写など、ジャンルによって写すべき部分は異なります。

ここでは、メルカリでもとくに人気の高い商品ジャンルをピックアップして2枚目以降の写真の構図を紹介しているので、参考にしてみてください。

» 服

ポケットの接写

裏側

裾部分の接写

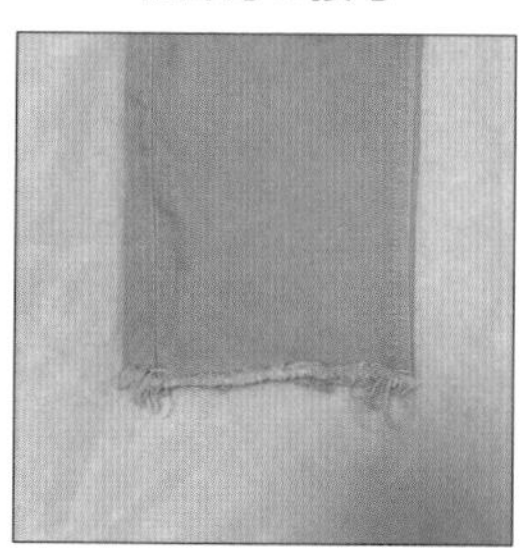

» 本

表紙

裏

中身

» CD

ケース表

ケース裏

中身

» 食器

俯瞰

裏面

特徴部分の接写

» 靴

かかと部分

裏面

箱

MEMO　売り切れ検索から2枚目以降の商品写真を参考にする

絞り込み検索（Sec.017、Sec.024参照）で「販売状況」を「売り切れ」に指定して検索すれば、自分が出品したい商品写真をどのように撮影すればよいのかのヒントを得ることができます。ここで解説した5つのジャンル以外の商品写真の情報を知りたいときに活用してみるとよいでしょう。

汚れや傷は隠さず掲載して伝える

商品撮影

商品を出品するとき、どうしても汚れや傷を隠してきれいな写真だけを掲載したくなりますが、クレームを避けるためにも、汚れや傷は必ず掲載するようにしましょう。

撮影前にできるだけ修理・補修する

出品の際は、商品の状態が正確に伝わるように、汚れや傷を隠さずしっかり見せることが大切です。とくに敏感な人は、小さな汚れや傷であっても気にしてしまうため、マイナス部分はしっかり伝えることが重要です。

汚れや傷がある場合は、写真撮影の前に、自力で修理・洗濯できるものかどうかを確認してみましょう。たとえば、洋服の汚れであれば、あらかじめ洗濯することで汚れが落ちる可能性があります。ボタンが取れそうであれば、自分で縫い付けるのもおすすめですし、知識があれば靴なども比較的自分で修理しやすいといえます。

また、クリーニングに出すのも1つの手です。きちんとクリーニングされていると、購入者としても安心感が生まれて、購入するきっかけになりやすくなります。しかし、商品によってはクリーニング代で出費がかさんでしまうこともあるため、費用対効果に見合うかどうか考えて、プロに頼んで修理してもらうのがよいでしょう。できるだけ自分で修理・補修し、難しそうな場合はデメリットとして写真で掲載したり、商品説明文に詳細に記載したりするようにしましょう。

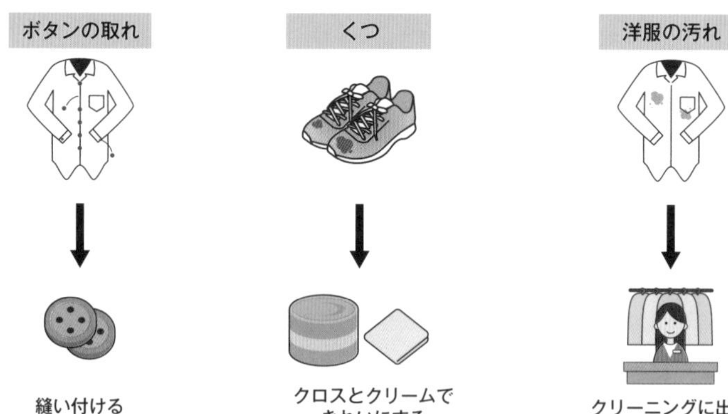

▲ 費用面が問題ないようであれば、プロに頼んで修理・補修してもらうのがおすすめ。状態がよければ美品として高く売ることができる。

商品の汚れ・傷を撮影する

商品の汚れや傷を撮影するときは、該当部分がきちんとわかるように、ピントを合わせて撮影するようにしましょう。隠さず写すことで信頼感が増し、後のトラブル防止にもつながります。

◀ 汚れや傷がある場合は、見やすいように接写で撮影するのが基本。ピンボケや白飛び・黒つぶれにならないよう注意して撮影する。

◀ 汚れや傷がある部分を囲んで目立たせると、どの部分にあるのかがひと目でわかる。

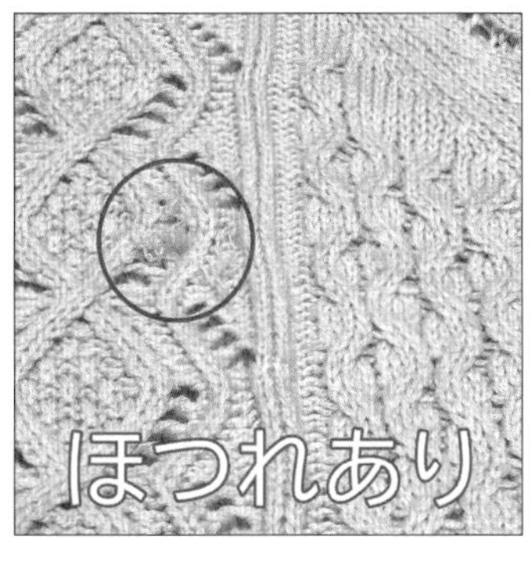

◀ どういった種類の汚れ・傷であるのかを文字入れしておくと親切。

背景色は商品に合わせて選ぶ

商品写真の背景色は基本的には白色が最適ですが、商品の色によっては白色が合わないこともあります。商品写真の背景色は自由に決められるので、商品に合わせた背景色を選ぶようにしましょう。

商品のイメージから背景色を選択する

商品撮影に最適な背景色は、基本的には白色です。白色は清潔な印象を与えるだけでなく、光を反射するため、商品が明るくなって見栄えのよい写真を撮影することができます。しかし、商品の色が白系の場合は、光の加減で背景に同化してしまうこともあるため、場合によっては背景色を変えて、商品を引き立たせることも重要です。

商品をどのように演出したいかによって、背景の色選びも異なってきます。クールでかっこいい印象を与えたいのであれば寒色系が、暖かくやわらかな印象を与えたいのであれば暖色系が、高級感を演出したいのであれば黒色がおすすめです。色によって与える印象は異なるため、自分が見せたいイメージに合った背景色を選ぶようにしましょう。

赤色の場合

緑色の場合

黒色の場合

赤色：熱い、エネルギッシュ、強い	緑色：落ち着き、自然、さわやか
ピンク：かわいい、若い、女性	青色：冷静、静寂、神秘的
オレンジ：暖かい、明るい、元気	紫色：高級、神秘的、大人
茶色：落ち着き、自然、堅実	黒色：高級、シック、クール
黄色：暖かい、明るい、にぎやか	白色：清潔、明るい、神聖

色相環から背景色を選択する

相性のよい色の組み合わせを選ぶ際は、デザイン業界でよく使われている「色相環」を参考にするとよいでしょう。たとえば、黄色を中心に考えるのであれば、反対側にある紫色は黄色と「補色（反対色）」の関係にあり、互いの色を目立たせ合う効果があります。色相環を活用した色の組み合わせ方はほかにもたくさんありますが、商品を目立たせるという意味では、補色での組み合わせが最適といえるでしょう。

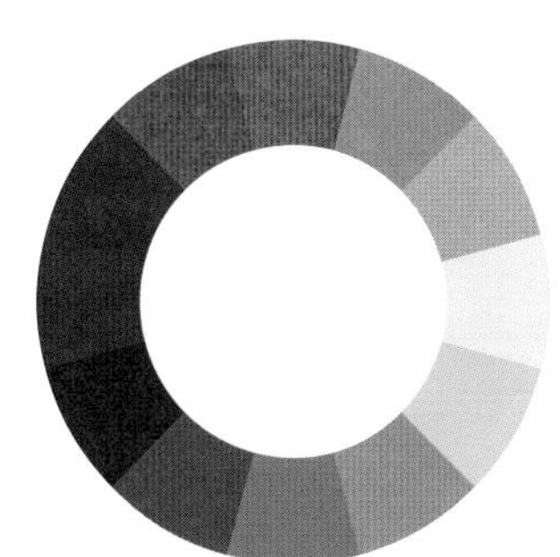

柄のある背景を使う

メルカリの商品写真の中には、柄のある背景を使用しているユーザーもたくさんいます。たとえば、食器の写真を撮影する際に、大理石や花柄の背景にしたり、ブランドの服や小物を撮影する際には、そのブランドをイメージさせる柄や色を背景にしたりするケースが多く見られます。

ただし、商品と関連性のない柄の背景はあまりおすすめできません。また、派手な柄を背景にすると商品の印象が薄くなってしまうため注意が必要です。

MEMO　すべての商品写真の背景色を統一する

商品ページには最大10枚までの写真を添付できますが、それぞれで背景色がバラバラだとかえって見にくい印象を与えてしまいます。掲載する写真はすべて同系色にするか、単一色で統一するようにしましょう。

余計なものを写さず撮影する

商品写真には、商品以外の余計なものを写さないように気を付けて撮影しましょう。雑多な環境での撮影は生活感が出てしまい、よい印象を与えません。

余計なものを写さないための工夫

商品写真は清潔感が重要です。商品と関係ないものが写っていると、商品の状態がいくらよくても、保管方法に不安を覚えてしまい、信頼を損なう原因になってしまいます。どの角度から撮影するときも、余計なものが写り込まないように撮影スペースを確保するなどして工夫することが大切です。また、ほこりや髪の毛など、小さなごみも写さないように気を付けましょう。

ここでは、余計なものを写さないための方法をいくつか紹介します。

手や足が写らないようにする

メルカリの商品写真は、多くの人がスマートフォンで撮影していることでしょう。しかし、スマートフォンを手で固定すると、うっかり自分の手や足が写り込んでしまうことが意外と多くあります。こうした写り込みを防ぐために、スマートフォンを三脚で固定するのがおすすめです。写り込みだけでなく、手ブレも防止でき、安定感のある写真を撮影できます。

▲ 手や足が写ると清潔感のない印象になる。

背景に気を遣う

商品写真の多くは家の中で撮影されていることでしょう。たとえば、散らかった部屋で撮影したり、布団のうえで撮影したりなど、勝手知ったる空間で撮影してしまい、背景にあまり気を遣っていない人もいるのではないでしょうか。しかし、生活感を感じさせる要素が写り込んでいると、購入する気が失せてしまいます。購入機会の損失を防止するためにも、あらかじめきちんとした背景を用意してから撮影するようにしましょう（Sec.039参照）。

ごみやほこりを取り除く

商品をチェック

まずは撮影前に商品にごみやほこりが付着していないか確認しましょう。とくに一度開封したことのある商品ほど気を配る必要があります。

スマートフォンやカメラのレンズをチェック

商品にごみやほこりが付いていないにもかかわらず斑点や糸くずのようなものが写っている場合は、スマートフォンやカメラのレンズに付着している可能性が高いと考えられます。ブロワーでほこりを飛ばしたり、不織維のクロスでレンズを拭いたりしてみてください。

それでも写り込んでしまう場合は、本体内部のセンサーにごみやほこりが侵入している可能性があります。自力では解消できない問題なので、修理店に持ち込んでレンズを交換してもらう必要があります。

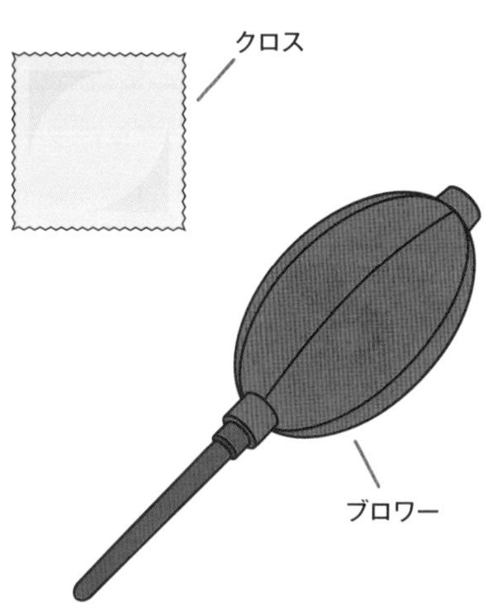

余計なものが写り込んだ場合の対処方法

気を付けているつもりでも、余計なものが写り込んでしまうことはあります。そのようなときは、レタッチアプリを使うと便利です。背景に写り込んでしまった不要なものを取り除いたり、写り込んだごみやほこりを修正したりすることができます。

▶ 右の写真は「TouchRetouch」アプリ（有料）を使用。写真に写り込んでしまった不要な部分をなぞると、自然な形で除去・補正してくれる。ごみやほこりなどの細かい部分の修正にも最適だ。

撮影した写真の加工のコツ

写真加工

商品を撮影したら仕上がりを確認しましょう。明るさなどの調整が必要であれば、画像加工アプリで修正・加工していきます。ここでは売れる写真に仕上げるための加工方法を紹介します。

おすすめの加工アプリ

商品の売れ行きは商品写真によって決まります。撮り方次第で印象は大きく変わるため、購入者目線で考え、商品の魅力を最大限に引き出すような写真に仕上げることが大切です。

そこで活用したいのが画像加工アプリです。画像加工アプリを使えば、写真を明るくしたり、文字入れして情報を増やしたりすることができ、商品の見栄えがぐっと上がります。ここでは主な画像加工アプリを紹介していますが、アプリによって特徴が異なるため、用途に応じたアプリを選ぶようにしましょう。

» 主な画像加工アプリ

アプリ名	特徴
LINE Camera	豊富な種類のフィルタが用意されている。スタンプやフレームも多く、コラージュ加工や文字入力もできる
Pic Collage	自由な配置でコラージュを作成できる。トリミングやフィルターなどの画像編集機能も備わっている
Fotor	さまざまな形のコラージュを作成したり、文字やスタンプを入れたりすることができる
Snapseed	色や明るさといった編集機能だけでなく、写真内の不要な部分を除去する機能が備わっている
Instagram	正方形の画像がかんたんに作れるほか、明るさやコントラストなども編集できる

MEMO　写真の過度な加工に注意

写真を明るくしすぎたり彩度を上げすぎたりといったように過度な加工を行うと、実物とはかけ離れてしまいます。実物と相違のないように適度に加工するようにしましょう。

トリミングする

メルカリでは、商品写真はすべて正方形で表示される仕様になっています。そのため、写真を「1：1」以外の比率で撮影してしまうと、不要な余白ができてしまったり、商品写真が小さくなってしまったりして、見せたい部分が伝わりにくくなってしまうおそれがあります。うっかり「1：1」以外の比率で撮影してしまったときは、トリミングするなどして商品を大きく見せましょう。

Before

After

明るさを調整する

商品写真が暗いと商品の状態がわかりにくいですが、明るい写真は清潔感があって好印象です。商品の細部も見えやすくなるため、購入者に商品の情報をわかりやすく伝えることができます。ただし、明るくしすぎると白飛びして商品が映えなくなってしまうので、適度な明るさ調整にしましょう。

Before

After

Section 042

写真加工

写真に文字を入れると効果的

商品写真への文字入れも売れやすい写真のコツです。文字を入れることでアピールしたいポイントをより効果的に伝えることができます。では、どのような文字を入れると目を引くのでしょうか。

基本の文字入れ

商品写真に文字を入れれば、伝えられる内容が増えるだけでなく、写真の上下の余白を活かすこともできます。文字入れのポイントを見ていきましょう。

誘目性の高い色を選択する

文字入れの基本は、意識しなくても目を引く「誘目性」の高い色を選択することが重要です。背景色との組み合わせでやや異なりますが、基本的には「赤」「黄」「オレンジ」などの暖色系の色が誘目性が高いといえます。

誘目性

低 ←→ 高

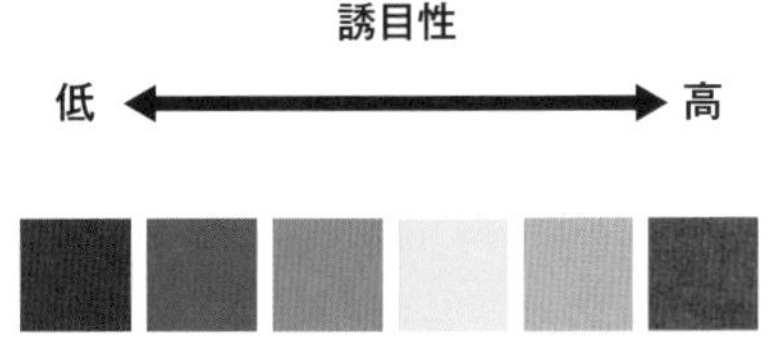

メルカリで文字入れする

ほかのアプリを使わなくても、メルカリで文字入れすることができます。出品画面で文字入れしたい画像をタップし、＜加工＞→＜テキスト＞の順にタップすると、文字を入力できます。文字の位置や大きさ、カラーなどの調整も可能です。

文字の配置

写真内に入れる文字は、画面上部または画面下部に配置するのが一般的です。商品の真ん中に配置してしまうと、商品自体が見えにくくなってしまうので、重ならないように大きさや位置を調整して配置しましょう。

文字入れすると効果的な情報

商品名

タイムラインには商品名が表示されていません。写真に商品名を記載しておけば、何の商品であるのかがひと目でわかります。商品名が見えにくい商品や特徴が少ない商品、類似品が多い商品などに使うと効果的です。

ブランド名・メーカー名

有名ブランドやメーカーの商品であれば強力なアピールポイントになります。

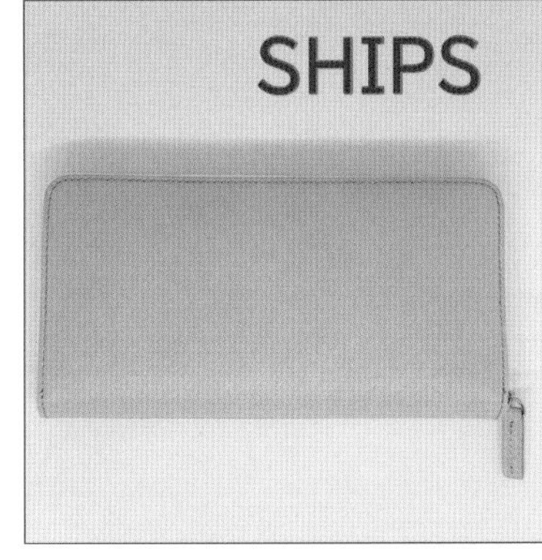

商品の状態

新品や美品といった商品の状態は写真だけでは伝わりにくいため、写真に文字入れすることでダイレクトに伝えることができます。また、一度でも使用したことがある商品であれば、残量も明記しておくと親切です。

Section 043

写真加工

ばら売りは写真で商品の売れ行きをわかりやすくする

複数の商品をセットで出品しているとき、収益が見込めそうであればばら売りするのもメルカリならではの駆け引きです。ただし、ばら売りする場合は商品写真などでわかりやすく伝える必要があります。

ばら売り対応の流れ

セットでなかなか売れない商品は、ばら売り可能にすることで売れやすくなることもあります。ばら売りする際は以下の点を踏まえて事前に準備しておきましょう。

ばら売り対応可能なことがわかるようにして出品する

1枚目のカバー写真に、ばら売り対応可能のテキストを追加します（写真の文字入れはSec.042参照）。また、商品説明文にもばら売り可能なことやばら売り時の料金などを記載しておくようにしましょう。

出品を一時停止する

すでに出品している商品をばら売りする場合は、ほかのユーザーからの購入を防止するために、速やかに出品を一時停止しましょう。「マイページ」画面で＜出品した商品＞→一時停止する商品名→＜商品の編集＞→＜出品を一時停止する＞の順にタップすると、出品が一時停止されます。

ばら売り商品用の専用ページを作成する

ばら売り商品の購入者が現れたときは、ばら売りした商品の専用ページを作成するとよいでしょう（Sec.068参照）。購入希望者にコメントで専用ページを作成したことを伝えて誘導します。

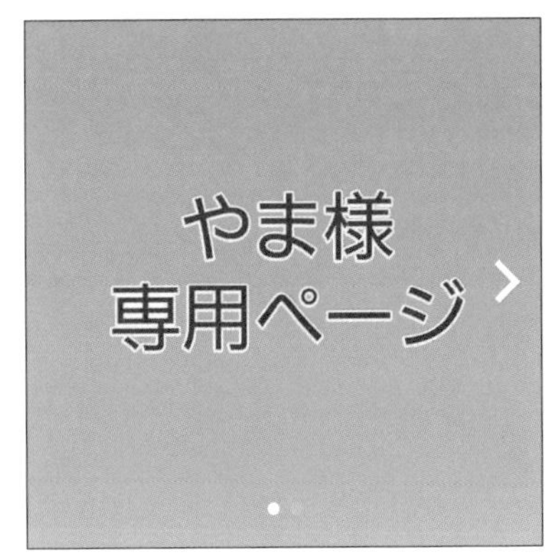

セット売りの商品情報を修正する

ばら売りで商品が売れたときは、セット売りにしている商品の商品情報を修正しましょう。ばら売りで売れた商品を抜いた価格に変更する必要があります。

売れ行きを写真で表示する

ばら売りで売れた商品は、「×」「完売」「売約済み」などのように文字入れして、商品が売れたことをわかりやすく表示しておくと親切です。

多くの写真を見せたいときはコラージュする

商品写真を効率よく見せたいときは、「コラージュ写真」を作成するのがおすすめです。複数の写真を1枚にまとめて見せることができるので、商品のよさを存分にアピールすることができます。

コラージュ作成のポイント

複数の写真を組み合わせて1枚の写真にまとめられる「コラージュ写真」を使えば、より多くの写真をユーザーに見せることができます。写真が多ければ商品の情報を詳細に伝えることができるため、有効活用してみましょう。

写真の組み合わせ

付属品が多い商品は、ただ写真を並べただけでは統一感がありません。付属品をカテゴリ別にまとめてコラージュしたり、さまざまな角度から撮影した同一の付属品をコラージュしたりしてまとめることで見やすくなります。

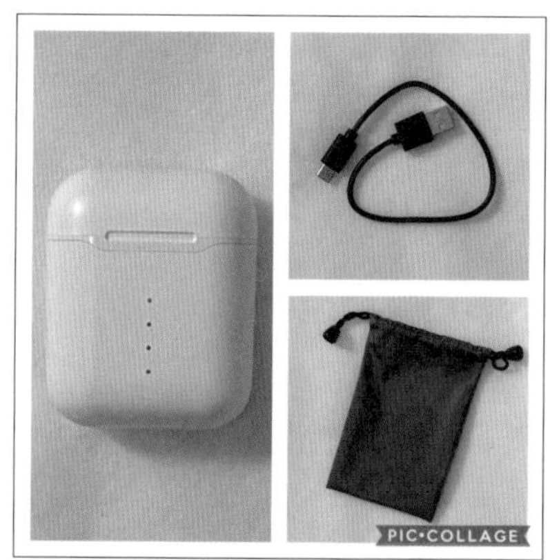

コラージュ写真は、品数の多いセット売りの商品写真にも最適です。セット売り商品の場合は、個別の商品をさまざまな角度から撮影してコラージュすると、統一感が出て見やすくなります。

2～4枚までが見やすい

コラージュは複数の写真をひと目で伝わりやすくするメリットがありますが、あまり多くの写真をつめ込みすぎると、写真が小さくなって見にくくなってしまいます。1画面につき2～4枚までを目安にするとよいでしょう。

2枚

3枚

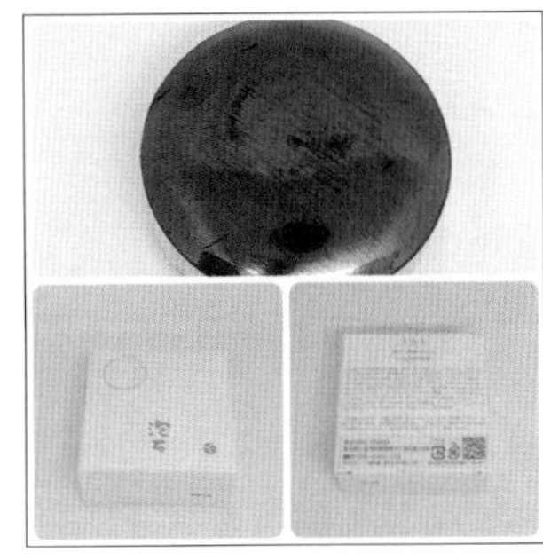

4枚

文字入れをする

コラージュと文字入れを同時にできるアプリもあります。どのような写真をまとめたのかをコラージュした写真に文字入れすれば、視認性が高まって伝わりやすくなるので有効です。

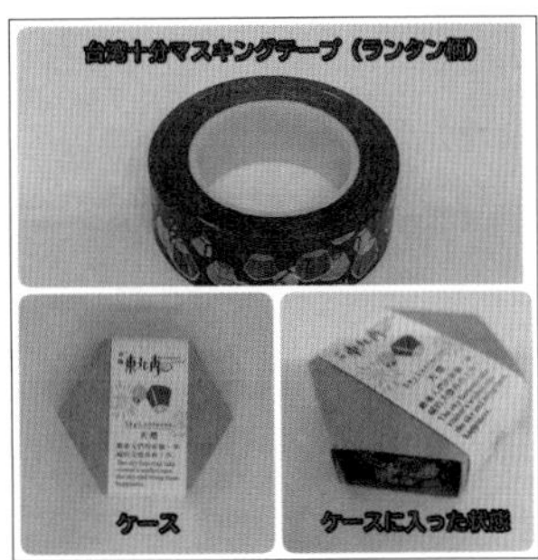

MEMO **どうやってコラージュすればよい？**

コラージュを作るには、コラージュ機能を搭載した写真編集アプリを使うとかんたんです。「LINE Camera」や「Pic Collage」など、無料で利用できるアプリがたくさんあるので、自分が使いやすいアプリをいろいろと試してみるとよいでしょう。なお、このセクションではPic Collageアプリを使用しています。

衣類はしわを伸ばして清潔感を出す

服にしわがあると、いくら未着用の美品であっても清潔感がないように見えてしまいます。より高く売るためにも、しわを伸ばしてきれいな状態で出品することを心がけましょう。

衣類のしわを解消するテクニック3選

衣類にしわがあると汚く見えがちです。購入率を上げるためにも、しわを伸ばすというひと手間を怠らないようにしましょう。

平置きにする場合は撮影の仕方を工夫する

ハンガーにかける方法は、しわ防止テクニックの中でもっとも手軽な方法です。とくに視線が集中しやすい肩の部分や袖のラインのしわが解消されます。さらに、重力によって服の裾が下方向に落ちるため、裾のしわも自然に見せることができ、リアルな着用感を演出できます。幅の広いハンガーを使えば肩に丸みができてより立体的なシルエットになり、平置きでの撮影よりも自然に見えるのでおすすめです。

平置きで撮影する場合は、アイロンでしわを伸ばしてから撮影します。自分の影が入らないようにしながら、全体像がわかるように撮影しましょう。

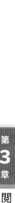

ハンガー

平置き

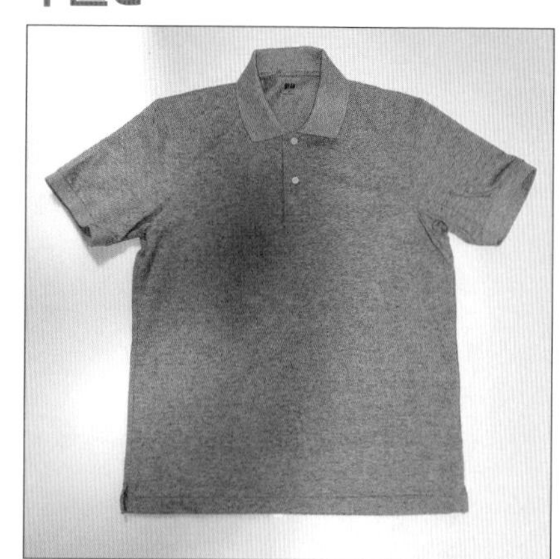

アイロンでしわを伸ばす

衣類のしわを伸ばしたいときは、アイロンを使用するのもおすすめです。ただし、アイロンをかけられない生地や高温に弱い生地もあるため、まずは洗濯表示の「アイロン」マークを確認しましょう。アイロンマークには生地が耐えられる底面温度が記載されています。温度表示をしっかりと守って、しわを伸ばしましょう。

アイロンでのしわ伸ばしが困難な衣類は、ハンガーにかけたままアイロンがけできる「衣類スチーマー」も便利です。アイロンと同様にスチームが高温のため、洗濯表示のアイロン温度をきちんと確認してから使用するようにしましょう。

» 洗濯表示

洗濯表示	旧洗濯表示	温度
・・・	低	底面温度 110℃を限度とし、スチームなしでアイロンで仕上げ処理ができる
・・	中	底面温度 150℃を限度とし、アイロンで仕上げ処理ができる
・	高	底面温度 200℃を限度とし、アイロンで仕上げ処理ができる
×	×	アイロンで仕上げ処理はできない

トップス・ボトムスの扱い方

将来的にメルカリに出品する可能性がある衣類のしわや型崩れを防ぐためには、収納方法に気を付けましょう。

基本的には、トップスもボトムスもハンガーにかけて収納するようにしましょう。ただし、ハンガーにかけると伸びてしまうニットや、しわが目立ちにくいTシャツ、トレーナー、カットソー、ジーンズ、ジャージなどはたたんで収納しておくのがおすすめです。

化粧品は使用状態や残量がわかるようにする

化粧品類は未開封であれば問題ありませんが、途中まで使っているものは、商品の状態や残量をしっかりと撮影して伝えることで、後のクレームを避けることができます。

化粧品のカテゴリ別撮影方法

スキンケア系

化粧水・乳液・洗顔料などのスキンケア系は、ガラスやプラスチックなどの容器に入っているものが多いでしょう。透明・半透明の容器と不透明な容器の2種類に大別されます。

透明・半透明の容器

中身が見える容器に入っている場合は、外からでも残量が確認できるため、商品の全体像を撮影しましょう。

不透明な容器

見た目だけでは残量がわかりにくいため、できるだけ正確な残量を記載しておくことが望ましいです。たとえば、竹串などを入れて調べたり、新品時の容器の重量と現在の重量を引いて使用量を計算したりするなど、おおよその量を計算しておくようにしましょう。竹串などを使用して調べる際は、衛生面を気にする人も多いため、計測に使用したアイテムもいっしょに添付すると親切です。

中身の見える容器

▼ 説明文の例
残量は７割程度です。詳しくは○枚目の写真をご覧ください。

不透明な容器

▼ 説明文の例
残量は４割程度です。○枚目の写真の竹串の黒線部分が残量を表しています。

ベースメイク系

» ファンデーション

ケースに収納されているパウダーファンデーションやフェイスパウダーは、ケースを開けて使用状態と残量がわかるように撮影します。リキッドファンデーションは、透明な容器の場合は全体像を撮影し、不透明な容器やチューブに入っている場合は竹串や細長いピンに付けて、どこまで液が付くか調べた状態で撮影しましょう。

» コンシーラー・化粧下地

コンシーラーや化粧下地は容器の形状にいくつか種類があります。それぞれの形状に合わせて撮影する必要がありますが、商品のフタを開けるなどして、基本的には使用状態が見えるように撮影しましょう。残量を調べるのが難しいときは、使用した回数を書くのも有効です。

メイクアップ系

» マスカラ

容器の構造上、残量を調べるのは難しいでしょう。ブラシの使用状態を撮影したり、使用回数を明記したりするのがおすすめです。

» 口紅・グロス

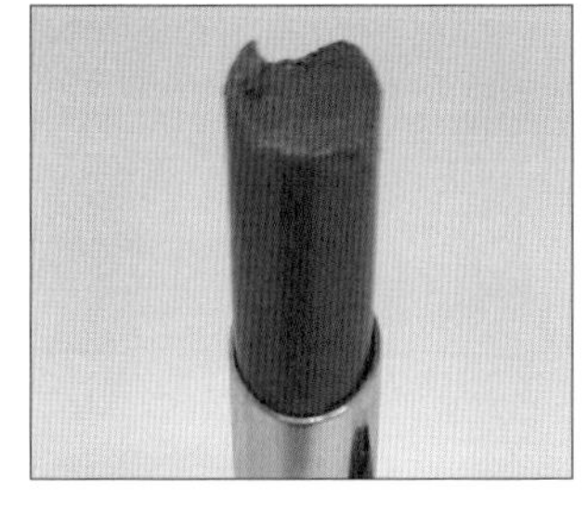

口紅は最後まで押し出した状態を撮影することで、使用感を伝えることができます。グロスはブラシの使用状態がわかるように撮影しましょう。残量がわかる透明な容器であれば、全体像も合わせて撮影します。

» チーク

容器の蓋を開けて、使用状態と残量がわかる状態で撮影します。

家具・家電は付属品も載せるのがカギ

家具・家電

家具・家電を出品する際は、本体だけでなく付属品の写真も掲載することで、商品価値が上がって売れやすくなります。ここでは商品ページへの掲載が効果的な付属品を商品カテゴリごとに解説します。

掲載すると効果的な家具・家電の付属品

ここでは、家具・家電の中でもとくに取引が活発に行われている商品にスポットを当てて紹介していきます。すべてそろえる必要はありませんが、できるだけ多く掲載することで商品価値が上がり、購入につながりやすくなります。

スマートフォンやタブレット

家電製品のジャンルの中でもとくに人気の高いスマートフォンやタブレットは、以下のものがそろっていれば、ある程度使用感があっても付加価値が上がります。撮影の際は全体像がわかる俯瞰での構図がおすすめです。

載せたほうがよい付属品

- 箱
- ACアダプタ
- USBケーブル／Lightningケーブル
- SIMピン
- 保証書
- イヤフォン
- 取扱説明書

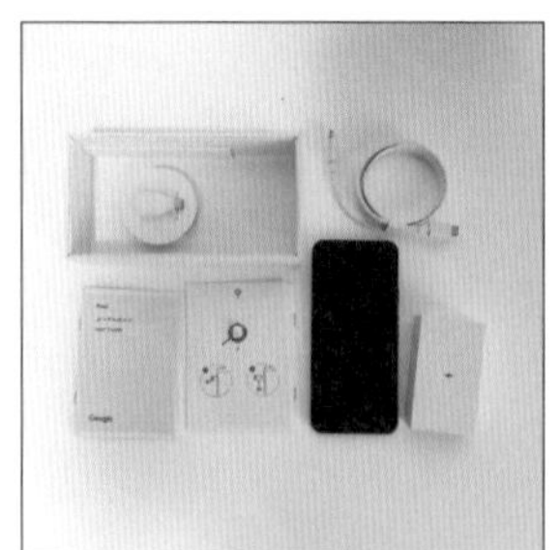

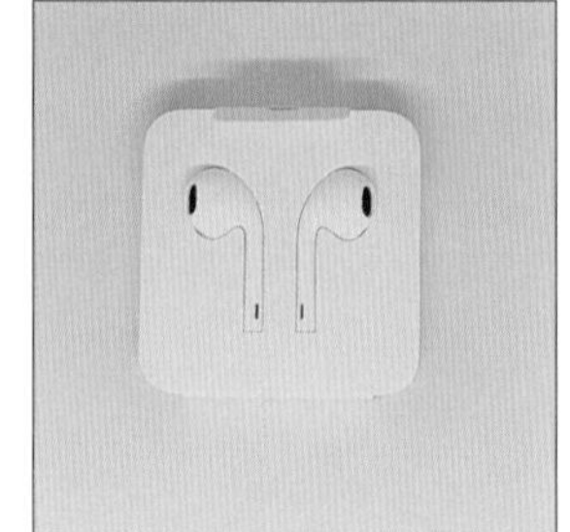

デジタルカメラ

デジタルカメラやビデオカメラは、バッテリーパックや充電器が同梱してあるとすぐに動作できるため、写真を掲載しておくとポイントが高いです。

載せたほうがよい付属品

- 箱
- 保証書
- 取扱説明書
- 充電器（バッテリーチャージャー）
- バッテリーパック（電池）

その他家電製品全般

テレビであればリモコン、オーブンレンジであればターンテーブル・天板などのような、製品を使用するにあたって必要な付属品の有無は、必ず写真を掲載しておきましょう。

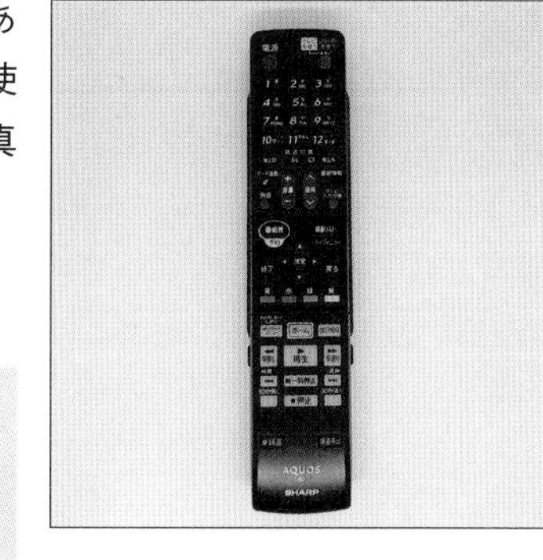

必ず載せたい付属品

- 保証書
- 取扱説明書
- その製品を使用するにあたって必須の付属品

組み立て式の家具

分解して発送する組み立て式の家具は、ネジなど組み立てに必要な部品と取扱説明書の有無は非常に重要です。写真を掲載するとポイントが高いです。

必ず載せたい付属品

- 取扱説明書
- ネジなどの組み立て用部品
- 保証書

パーツとして単体での需要がある付属品も存在する

テレビのリモコンのようなメーカー純正の付属品は、単体でも意外と需要があります。本体は壊れているけれど、付属品に問題がないようであれば、付属品単体での出品もおすすめです。

Section 048

ぬいぐるみなどは支えを使って見栄えよく撮る

ぬいぐるみ

玩具は自立させたほうが立体感があって魅力的ですが、ぬいぐるみのように自立させるのが困難な玩具もあります。ここでは、玩具を自立させるアイテム&テクニックを解説していきます。

スタンドを使って自立させる

ぬいぐるみ

生地がやわらかいぬいぐるみは自立させて撮影することが困難ですが、100円ショップやネット通販サイトでは、ぬいぐるみを自立させるためのぬいぐるみスタンドが販売されています。ぬいぐるみの服部分に差し込めるようになっているので、正面から見ても自然な自立を演出できます。ただし、サイズの大きいぬいぐるみや服を着ていないぬいぐるみは、ドールスタンド（P.99参照）の活用がおすすめです。

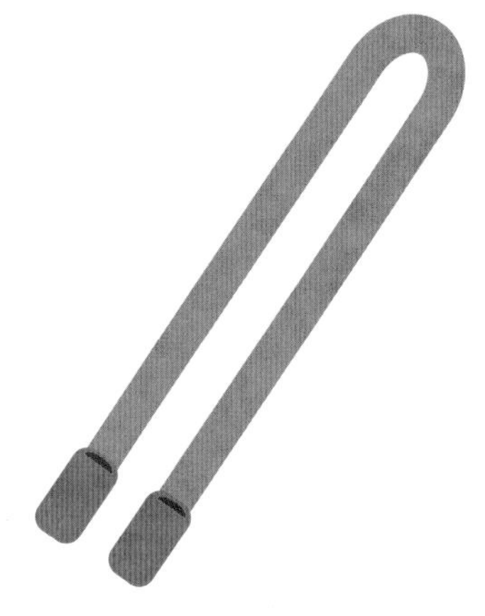

▲ ぬいぐるみの服部分に差し込んで使用するスタンド。スタンド部分は自由に折り曲げ可能なので、ぬいぐるみのサイズに合わせて調整できる。

人形・フィギュア

専門店やネット通販サイトでは、人形やフィギュアを自立させるためのドールスタンドが販売されています。12分の1サイズ～2分の1サイズまでと幅広いサイズに対応したスタンドがあります。ぬいぐるみスタンドでは対応できない大きいぬいぐるみも、ドールスタンドを活用すると自立させることができます。

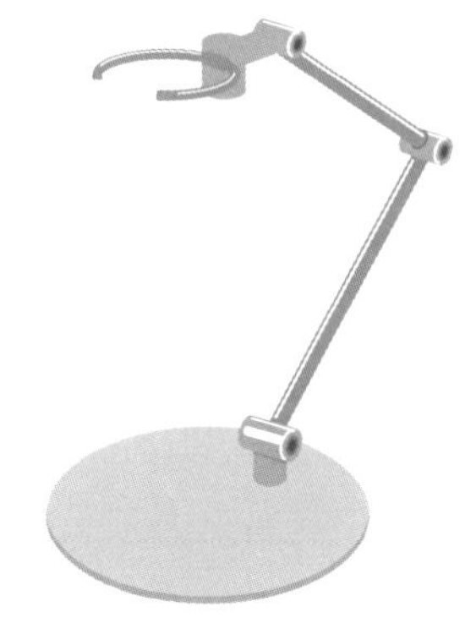

▲ 人形・フィギュアの腰部分をクリップで挟んで支える。可変式の人形・フィギュアであればポーズを付けて撮影できるので見栄えがよりアップする。

MEMO スタンドを使わずに撮影するには

スタンドを使うのが難しいぬいぐるみの場合は、壁や大きめの箱などを使って支えるとよいでしょう。ただし、撮影する際は余計なものが写らないよう背景に注意が必要です（Sec.039 ～ 040参照）。

消耗品は消耗具合や使用期限もいっしょに載せる

消耗品

使用済みの商品を出品するときは、購入者目線で考え、消耗具合や使用期限がわかるようにしましょう。テキストだけでは伝わりにくい情報も、写真で視覚情報にすることで売れやすくなります。

消耗品の撮影テクニック

ここでは、メルカリで活発に取引が行われている3つの消耗品カテゴリの撮影テクニックを解説します。

日用品

台所・風呂・トイレなどで使われる日用品は、明確な使用期限が定められていません。そのため、購入時期や容器の劣化具合、中身の消耗状態を重点的に撮影するとよいでしょう。

≫ 容器に入っているもの（中身が固形）

容器は全体像を撮影し、傷や汚れがある場合は接写で撮影します。中身は消耗具合がわかるよう容器を開けて撮影します。衛生状態を気にする人が多いため、中身を取り出した写真は控えたほうが安心です。

≫ 容器に入っているもの（中身が液体）

容器は全体像を撮影し、傷や汚れがある場合は接写で撮影します。中身は消耗具合がわかるよう容器を開けて撮影します。見た目に残量がわかる写真も付けると親切です（Sec.046参照）。

文具

文具には明確な使用期限が定められていません。全体像に加え、経年劣化による色あせや容器の汚れ・破損・劣化といった商品の状態や残量などがわかる接写の写真を重点的に撮影しましょう。

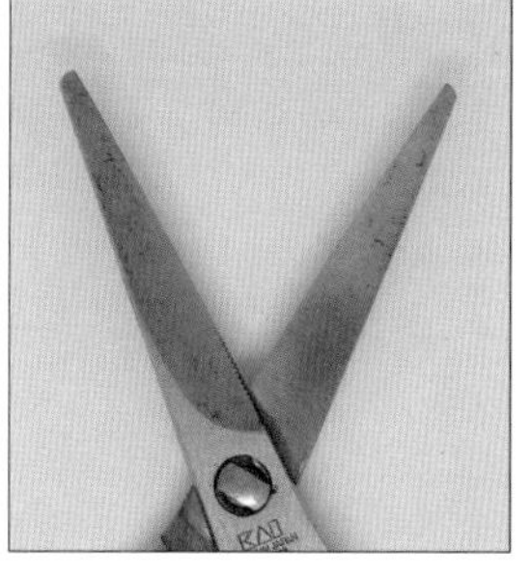

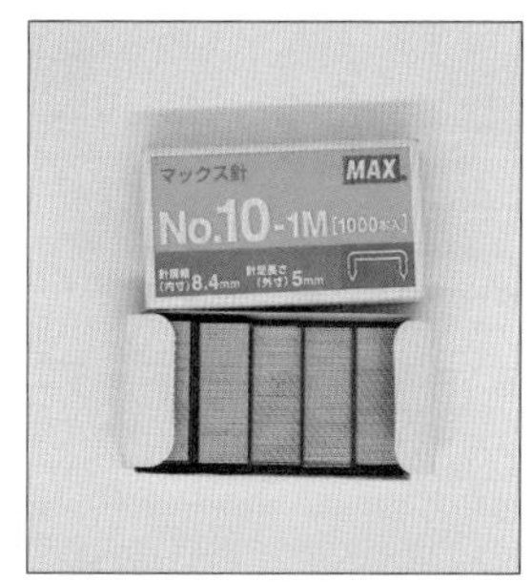

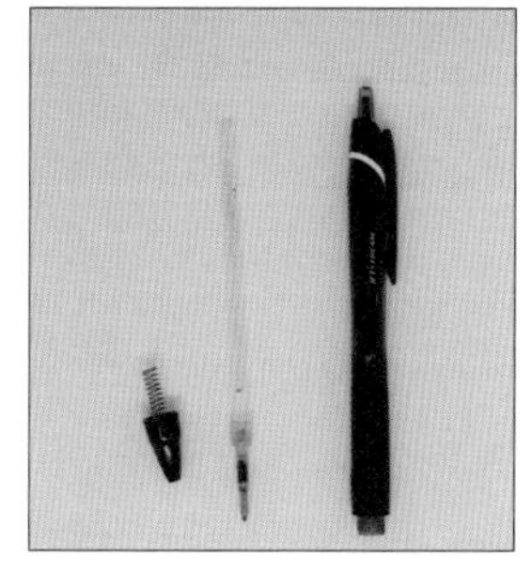

食料品(加工品)

食料品には賞味期限や消費期限が明確に記されているため、残量がわかる写真と、賞味期限・消費期限が表記された部分の写真は必須です。

※食品は未開封のものに限り出品できます。

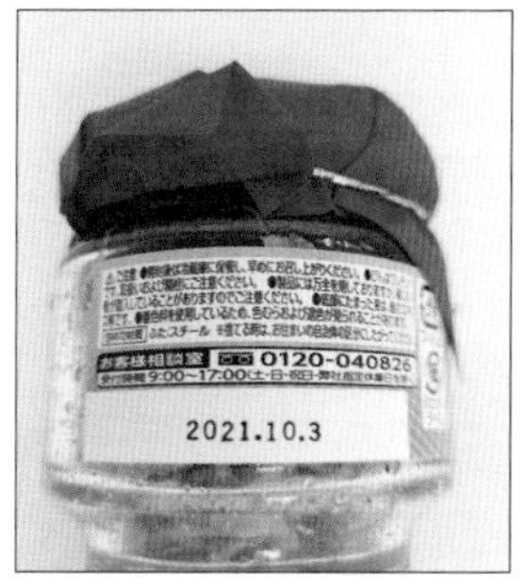

MEMO 生鮮食品を出品したい

メルカリでは、家庭菜園で収穫した野菜・果物・穀物などの生鮮食品もたくさん出品されています。生鮮食品の取引はメルカリで禁止されていないため自由に出品できますが、スーパーで販売されている商品と同じように、賞味期限や消費期限を記載する必要はありません。代わりに、食品の状態や収穫した場所、収穫日がわかる写真を掲載すると、ユーザーも安心して購入できます。

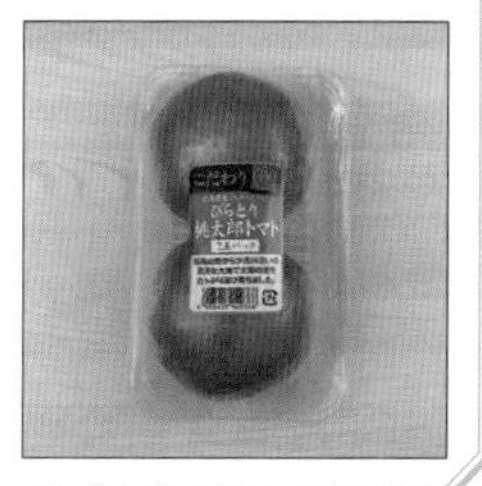

新品・未使用品の場合はタグも撮影して載せる

新品・未使用品

商品に付属しているタグは、新品・未使用品である証拠です。新品・未使用品として販売したい商品は、商品タグもいっしょに掲載することで購買率がアップします。

タグを掲載すると効果的な商品

新品・未使用品は大きなアピールポイントです。タグを撮影することで購入者からの信頼も得られるので、はっきり読み取れるように撮影しましょう。

衣類

シャツやカットソーといったトップス類は首元に、スカートやパンツといったボトムス類はベルトループにタグが付いている場合がほとんどです。商品とタグを切り離していないことがわかるように、タグが取り付けられている部分とセットにして接写で撮影しましょう。

トップスのタグ

ボトムスのタグ

MEMO タグは両面を撮影するの？

タグで重要なのは情報が記載されている部分のため、必ずしもブランドロゴが印字されている表面は撮影する必要はありません。ただし、ブランドものの場合はアピールポイントになるため撮影しておくと効果的です。

カバン・財布類

カバンや財布類は、ファスナーのストラップや持ち手部分にタグが取り付けられている場合が多いです。タグが取り付けられている部分とタグを接写で撮影し、掲載枚数に余裕があれば、タグが見える全体像も撮影することをおすすめします。

アクセサリー類

ネックレスやピアスといったアクセサリー類は、ループ部分に付属しているほか、袋や台紙、ケースの裏面などにタグシールとして貼り付けられているなどさまざまなパターンがあります。タグが付けられている部分とセットにして、接写で撮影しましょう。

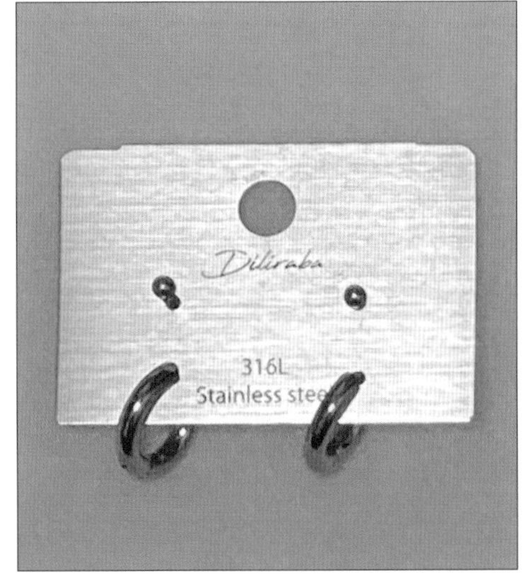

MEMO　タグを切り離してしまった場合は？

タグを切り離してしまったときは、商品とタグをいっしょに撮影しましょう。「新品・未使用品」として販売するのは厳しいかもしれませんが、「未使用に近い」状態に設定することで、さほど価値を落とさずに販売できます。タグを捨ててしまった場合は、その旨説明文に記載しましょう。

COLUMN

公式サイトの商品写真を転載するのはOK?

メルカリでは、モデル写真など商品の公式サイトで使われている写真を転載する形で販売するユーザーがたくさん見受けられます。商品写真の転載は規約に違反しないのでしょうか？　メルカリには、商品写真について以下のような規約が設けられています。

第９条　商品の出品

3. 商品説明等

ユーザーは、商品を出品する際に、真に売却する意思のない出品、その商品情報だけでは正しく商品を理解できない又は混乱する可能性のある出品、商品説明で十分な説明を行わない出品等を行ってはなりません。また、出品者は、出品する商品と関係のない画像等を当該出品情報として掲載してはいけません。

商品写真をすべて公式サイトのものから転載した場合は、メルカリの禁止行為である「無在庫出品」や「二重出品」が疑われ、削除対象となる可能性があります。しかし、現状では実物の商品写真が1枚でも掲載されていれば見逃されるケースが多いようです。

写真の転載には著作権者の許諾を得る必要がありますが、個人でそのつど許諾を得ることは限りなく不可能に近いでしょう。そのため、公式の商材写真の無断転載は本来は著作権侵害に該当する行為であることを念頭に置いておく必要があります。

ほかのユーザーの写真転載は NG

メルカリに出品されているほかのユーザーの商品写真を転載すると、ペナルティ対象になります。見つけた場合は該当写真を保存して事務局に通報することで対応してもらえます。

確実に購入につなげる！商品出品のテクニック

メルカリには毎日大量の商品が出品されています。しかし、出品さえすればどのような商品でも売れるというわけではありません。本章では、ユーザーの目に留まるところから購入にいたるまでのテクニックを紹介しています。少しの工夫や手間をかけることで、商品が購入される楽しさを実感しましょう。

Section 051

商品説明文に必ず書くべき5つのポイント

商品説明文

商品説明文には1,000文字までテキストを記載できます。この中で、ユーザーが知りたい商品の情報をまとめる必要があります。ここでは、商品説明文に書くべき5つのポイントを解説していきます。

5つのポイントを記載する

商品説明文は、商品を手に取って実際に確認できないユーザーにとって必読せざる得ない貴重な情報であり、過不足のない情報が求められています。また、「ユーザーへの信頼感アップ」「商品ページの閲覧数アップ」などの効果も期待できるため、ここで紹介する5つのポイントを押さえた商品説明文を作成してみましょう。書き方に慣れていない場合には、インターネット通販サイトやオンラインショップの商品紹介ページを参考にすることもおすすめです。

商品名・ブランド名

タイトルだけでなく、商品説明文にも正式な商品名の記載は必須です。ブランド名や品番など詳細な情報もあわせて記載しましょう。これらの情報を記載しておくことで、購入を希望するユーザーが正確な商品情報を調べやすくなるメリットがあります。

◀メーカーやブランドの公式サイトには、正式な商品名などの情報が記載されている。コピーして商品説明文に貼り付ければ、文字入力ミスを防止できる。

色・サイズ・使用期限

服や靴であれば色やサイズ、食品や化粧品であれば消費期限などの説明は、商品を直接手に取って見ることができないメルカリでは非常に重要な情報です。購入の判断材料となるので、過不足なく表記しましょう。商品情報は、メーカーの公式サイトやAmazonなどのECサイトを参考にすると正確です。

商品の状態

商品ページの「商品の状態」という項目で、「新品、未使用」「未使用に近い」「目立った傷や汚れなし」「やや傷や汚れあり」「傷や汚れあり」「全体的に状態が悪い」の6種類の選択肢から商品の状態を選択できます。しかし、これだけでは商品の状態が伝わりにくいため、傷や汚れが付いている部分を明記すると親切です。

使用頻度

「2～3回使用しました」といったように、商品を何回使用したか記載しましょう。何回使用したか忘れた場合は、「1か月程度使いました」「去年の春、ワンシーズン使いました」といったようにだいたいの目安を書きましょう。

注意事項

商品の保管状態

新品や未使用品であっても、保管状態が悪いと劣化している可能性があります。保管状態を説明したうえで、「素人管理なのでご了承ください」「気になる方はご遠慮ください」「未使用品ですが早めに使ってください」など記載しておくとクレームを避けやすいです。

包装・発送

基本的には厳重梱包を心がけるべきですが、服などは簡易包装をする出品者が多いです。ただし、商品が破損する可能性もあるので、「小さく折りたたんで発送します」と記載するなどして、あらかじめ包装方法について触れておきましょう。

小型の商品などは、普通郵便やメール便で発送する出品者も多いです。ただし、到着までに時間がかかるため、あらかじめ発送方法について記載しておきましょう。

正式な商品名やブランド名がわからない

正式な商品名やブランド名がわからない商品、ノーブランドの商品は類似商品を参考にしましょう。コピー品を思わせるような表記は規約違反とされています。

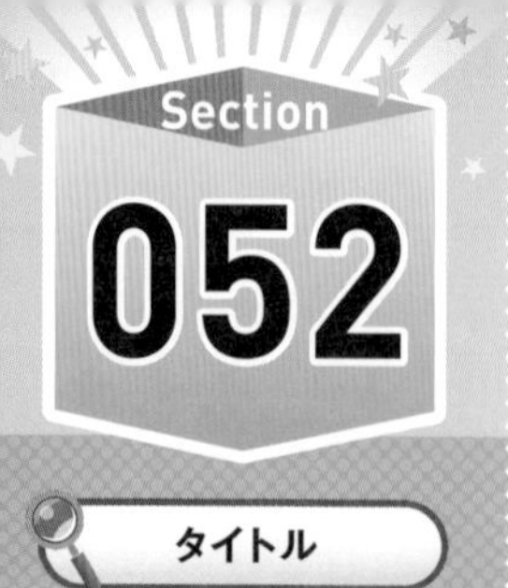

目を引くタイトルの付け方

タイトル

タイトルには40文字までテキストを記載できます。検索レスポンスを上げるキーワードを盛り込んだり、羅列を工夫したりしましょう。タイトルはいつでも変更できるので、試行錯誤してみるとよいでしょう。

検索にヒットしやすくなるキーワード

商品の特徴を表すキーワード

商品を探すときは、カテゴリ検索やブランド検索、写真検索、キーワード検索を利用します。キーワード検索の場合には、正式な商品名にプラスして、**商品の特徴を表すポジティブなキーワード、商品の状態や使用例を表すキーワード**などを盛り込むことで、買い手となるユーザーの目を惹くきっかけになります。ただし、関係のないキーワードの羅列は禁止行為とされているので、注意してください。重要なキーワードやもっとも伝えたい情報を表すキーワードから順番に羅列するなど工夫しながら、以下の例を参考に盛り込んでみましょう。

≫ 特徴を表すキーワードの例

キーワードのテーマ	例
使用状態	新品、ほぼ新品、未使用品、美品、タグ付き
ブランド・製造メーカー	ブランド名、メーカー名、製造国、ハンドメイド
使用シーズン・イベント	春、夏、秋、冬、お花見、海水浴、運動会、学芸会、ハロウィン、クリスマス、イースター、お正月、年末、パーティー、結婚式、お葬式、入学式、卒業式
色	色、夏色、秋色、冬色、パステルカラー、ツートンカラー
サイズ	S、M、L、LL、ミニマム、オーバーサイズ、体型カバー、コンパクト、場所を選ばない、増量
ターゲット層	メンズ、レディース、ファミリー、ビジネスマン、ママさん、主婦、子供、お子様、男女兼用、ユニセックス
雰囲気	エレガント、上品、カジュアル、スポーティー、かわいい

商品のセールスポイントを表すキーワード

キーワード検索の場合には、商品のセールスポイントを表すキーワードを盛り込むことも効果的です。たとえば、「希少価値」をセールスポイントとして表すキーワードは、ユーザーの購買意欲を高めます。また、「価格」をセールスポイントとして表すキーワードは、リーズナブルな商品であるという印象をユーザーに与えます。ただし、セールスポイント以上に、求めている商品に一致しているか確認できる詳細な情報を買い手であるユーザーは重要視しています。そのため、セールスポイントを表すキーワードは「おまけ」ということを前提として、以下の例を参考に盛り込んでみましょう。

セールスポイントを表すキーワードの例

キーワードのテーマ	例
発送	送料無料、即日配送、丁寧な梱包
価格	期間限定値下げ中、○○％オフ、値引き可能、セール中
希少価値	限定品、入手困難、非売品、数量限定品、1点物、貴重、希少、珍しい、国内唯一、おまけあり
時短訴求	1日たった○分、○分で完結 、わずか○分
目的	贈答用、お祝い、プレゼント、お中元、お歳暮、お見舞い、片付け、掃除、断捨離、ダイエット
五感	美味しい、絶品、高音質、クリアなサウンド、甘い香り、柔らかい、肌触りが良い、涼しい、温かい、保温、保湿、しっとり、さっぱり、芳醇、高画質
役に立つ情報	電気代○○％オフ、美肌に効果、簡単、ナチュラル、添加物不使用、運動不足解消、筋トレ効果、美味しさアップ、魅惑の○○

MEMO キーワードを盛り込みすぎるのもNG

ここで解説したキーワードを盛り込みすぎると、業者のようになってしまいます。商品名に加えて2～3個のキーワードを盛り込む程度にしておくとよいでしょう。また、目立たせたいキーワードは、【】（墨付き括弧）で囲むと、目に入りやすくなります。

Section 053

トレンドのキーワードを入れる

キーワード

インターネットやメディアで話題のキーワードを盛り込んでアクセス数を上げる「SEO対策」を活用しましょう。ここでは、トレンドキーワードを探せるWebサービスを紹介します。

トレンドキーワードの探し方

Googleトレンド（https://trends.google.co.jp/trends/）

世界シェアナンバー1の検索エンジン「Google」で検索されたトレンドのキーワードや関連ワードなどの情報を参照できます。

世界中の検索トレンドをチェックしましょう

検索キーワードまたはトピックを入力

または例をクリックして開始します　非表示

❶Webブラウザで「Googleトレンド」にアクセスします。検索欄をタップし、キーワードを入力して検索します。

関連キーワード　注目

1	あつまれ どうぶつ の 森	急激増加
2	nintendo switch あつまれ どうぶつ の 森	急激増加
3	nintendo switch 抽選	急激増加
4	nintendo switch どうぶつ の 森 セット	急激増加
5	nintendo switch あつまれ どうぶつ の 森 ...	急激増加

❷キーワードの「人気の動向」「関連トピック」などのデータが表示されます。中でも注目すべきは「関連キーワード」です。関連キーワードとは、手順❶で検索したキーワードとともに検索されているキーワードのことです。この項目に記載されているキーワードを盛り込んでみましょう。

Yahoo!リアルタイム検索（https://search.yahoo.co.jp/realtime）

リアルタイムで話題になっているキーワードを確認したり、キーワードに関するニュースやツイートをすばやく閲覧・検索したりすることができます。

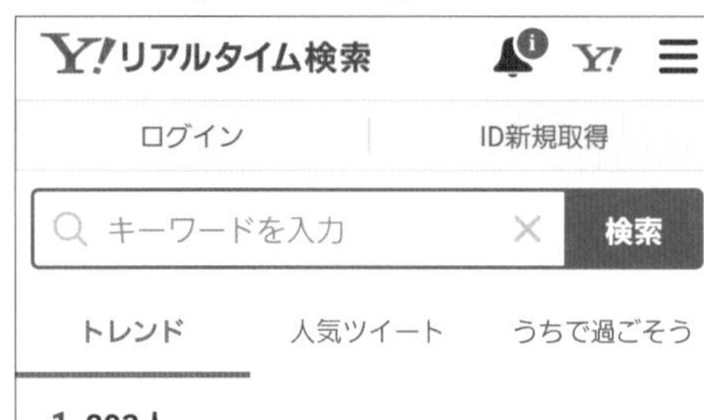

▶「トレンド」ではツイート数などを参考に関心の高い順にキーワードが表示されている。検索欄にキーワードを入力すると関連する情報を確認できる。

価格.com（https://kakaku.com/tv/）

「テレビ紹介情報」では、テレビ番組で紹介された話題の商品や情報を確認できます。放送期間、テレビ局、番組名、カテゴリなど、条件を指定して検索することも可能です。

▶かんたんな商品紹介をはじめ、詳細を確認できる外部リンク、レビュー情報などが表示されている。また、注目番組ランキングも確認できる。

売れやすい説明文の書き方

商品説明文

商品がなかなか売れない場合は、商品の情報が不足していたり、自分ルールを押し付けて購入しづらくなっていたりなど、何らかの理由があります。商品説明文を見直してみましょう。

売れやすい説明文の書き方

商品情報を過不足なく記載する

ほかのユーザーは商品を手に取って見ることができないため、写真や商品説明文だけで情報を伝える必要があります。実際の商品の色と写真の商品の色の違い、家具や家電は縦・横・高さなどの詳細なサイズ、傷や汚れの有無などの商品状態、見た目の印象や着心地などの特徴や使用方法を記載しましょう（詳細はSec.051を参照）。また、多くのユーザーは検索機能を利用して、商品を探しています。検索結果に表示されやすいキーワードを盛り込むなどの工夫をしてみましょう（詳細はSec.056を参照）。

商品情報は簡潔に箇条書きでまとめる

年代によって異なりますが、メルカリユーザーの9割以上がスマートフォンを利用しています。小さな画面で見ることを想定して、商品説明文を作成しましょう。とくに長文のテキストは避けて、箇条書きでまとめると画面上でも見やすく、情報も伝わりやすくなります。

Before

← バーバリー ロゴ入…
商品の説明
今回出品しているバーバリーの「ロゴ入りブロックチェックハンカチ（メンズ）」は、涼やかな青色を基調としたチェック柄が特徴です。サイズは25.5cm×25.5cm、素材は綿70%&麻30%です。2014年冬に購入し、1度だけ使用しましたが、シミや汚れなどはありません。洗濯した状態で保管しています。
5分前

After

← バーバリー ロゴ入…
商品の説明
●メーカー：バーバリー
●商品名：ロゴ入りブロックチェックハンカチ（メンズ）
●購入年：2014年冬頃
●サイズ：25.5cm×25.5cm
●色：青色のチェック柄
●素材：綿70%、麻30%
●状態：1回だけ使用。シミ・汚れはなし。洗濯済み

デメリットな情報も明記する（Sec.038参照）

店舗やネットショップなどの小売業では、基本的に傷や汚れ、破損がある商品は売っていません。しかし、メルカリは中古品売買をメインとするプラットフォームなので、デメリットな情報を詳細に明記することで親切な印象を与えます。傷や汚れ、破損に至った経緯を記載したり、状態を詳細に伝えるために写真を載せたりすることで、クレーム防止にもつながります。

独自ルールの押し付けをやめる（Sec.083～084参照）

メルカリには、「ノークレーム、ノーリターン、ノーキャンセル」を表す「3N」を購入者にあらかじめ確認するという独自ルールが横行しています。また、評価の悪いユーザーや一度も取引をしたことがないユーザーの購入を断る、プロフィールを必読にする、値引き交渉をあらかじめ拒否するなどの独自ルールを提示しているユーザーも多く見受けられます。これらの独自ルールを購入者が守らないからという理由で、出品者からの購入をキャンセルすることは、規約違反に該当します。

安全で円滑な取引を行ううえで、規約と照らし合わせたルールを設けることは構わないですが、独自ルールを押し付けすぎるとトラブルになる可能性を高めてしまいます。

購入しやすい雰囲気を作る

購入者を限定するような独自ルールの提示ではなく、商品や価格に関する質問をしやすくしたり、購入を決めるひと押しになったりするような雰囲気作り、キーワードの提示は購入を検討するユーザーにとって安心感と購買意欲を高めることに効果的です。とくに「送料無料」「取引初心者OK」「コメント不要」「即購入OK」などのキーワードを盛り込むことによって、初心者のユーザーでも購入しやすくなります。

また、説明文だけではなく質問や値下げのコメントに対しても、ていねいかつ真摯に対応することも心がけましょう。同一商品や価格に違いがない類似商品が出品されている場合には、これらのような雰囲気と人柄が決め手になりうることもあります。

出品者

即購入OK
コメント不要
初心者OK

気軽に
購入できそう！

購入者

説明文に記載してはいけないこと

商品説明文

商品の説明文には、記載してはいけない禁止用語があり、記載しようとすると警告が表示されて出品できない場合もあります。禁止用語や禁止行為に注意し、商品説明文を作成しましょう。

説明文に記載してはいけない禁止用語

ここでは、説明文に記載することができない代表的な禁止用語を紹介します。警告が表示されたら、直ちに修正する必要があります。メルカリ公式ページで禁止用語に関する詳細を確認しましょう。

ノークレーム、ノーリターン、ノーキャンセル

メルカリの独自ルール「ノークレーム（クレーム不可）」「ノーリターン（返品・交換不可）」「ノーキャンセル（キャンセル不可）」はメルカリの規約違反に該当する行為であり、商品説明文に含まれていると出品できません。これらの行為の総称である「3N」も同じく禁止用語に設定されています。

⚠出品できません

入力された情報から禁止されている行為・出品物に当たると判断されたため出品できません。

理由：禁止行為（商品に問題があっても返品に応じないと記載すること）、禁止行為（商品に問題があっても返品に応じないと記載すること）、禁止行為(ノークレーム、ノーリターン、ノーキャンセル、3Nなどは記載しないでください)

出品禁止の商品

偽ブランド品、盗品、アダルト関連、刃物、医薬品など、メルカリが出品を禁止している商品も禁止用語です。禁止されている出品物は確認しておきましょう。

⚠ご確認ください

入力された情報から禁止されている行為・出品物に当たる可能性があります。

理由：禁止出品物(18禁、アダルト関連)

外部サイトへの誘導行為

ほかのWebサイトへのURLを貼り付けるなど、外部サイトへの誘導行為を行うことは規約違反に該当します。

> **⚠出品できません**
>
> 入力された情報から禁止されている行為・出品物に当たると判断されたため出品できません。
>
> 理由：禁止行為(外部サイトへ誘導する行為)

説明文に記載してはいけない禁止行為

ここでは、禁止行為を思わせるテキストを紹介します。これらのキーワードが含まれている場合は警告が表示されないことがほとんどなので、注意が必要です。禁止行為に対しては、出品停止や利用制限など厳しい措置が執られる可能性もあります。メルカリ公式ページで禁止行為に関する詳細を確認しましょう。

誤った商品情報の掲載

実物とは異なる商品情報を記載すると、購入者が気付いた場合にクレームになってしまいます。うっかり間違えた場合でも返品・返金に応じれば問題ありません。しかし、偽ブランドの商品をノーブランドと記載して出品するなど、意図的に誤った情報を記載した場合は悪質行為とみなされます。

商品説明テキストや写真の盗用

メルカリユーザーが出品している商品の商品説明テキストや写真を無断でコピーして使用することは、禁止行為です。なお、商品の公式サイトやECサイトなどの説明文はその限りではありません。

手元にない商品の出品行為

「予約販売」「予約受付」「受注生産」「外部ECサイトから直送」など、出品時に手元にない商品を出品する「無在庫出品」を連想させるキーワードは、商品に関する質問に答えられない、配送できないなどのトラブルにつながってしまいます。

販売を目的としない出品行為

「SHOP内全品値下げ中」「○○探しています。譲ってください。」など、出品機能を利用して宣伝したり商品を探したりする行為を連想させるキーワードは、不適切と判断されます。

Section 056

検索を意識してキーワードを盛り込む

キーワード

メルカリの検索方法のうち、もっとも使用されるのはキーワード検索です。キーワード検索を意識して商品をイメージしやすいキーワードを盛り込んでみましょう。

タイトルへの盛り込み方

タイトルには、商品名とともに商品を表すキーワードを盛り込みます。タイトルの文字数は40文字以内と限られていますが、文字数が許す限りできるだけたくさんのキーワードを盛り込むことで、検索にヒットしやすくなります。また、目に入りやすい先頭部分にはもっともアピールしたいキーワードを盛り込むことがコツです。キーワードとキーワードの間は、スペースで区切ると見やすくなります。

商品情報
商品名：ナイトジョガー
商品カテゴリ：メンズ/靴/スニーカー
ブランド：adidas
色：ブラック×ブラック
サイズ：30.0 ㎝
状態：新品
特徴：ランニングシューズ、暗闇で光る、有名人の愛用者がいる

参考例
1.新品であることをアピールしたい場合
例）【新品】 adidas　ナイトジョガー　ブラック×ブラック　30㎝

2.珍しい色やサイズをアピールしたい場合
例）adidas　ナイトジョガー　ブラック×ブラック　限定カラー
例）adidas　ナイトジョガー　30.0㎝　在庫僅少

3.明確なアピールポイントがない場合
例）【値下げ中】 adidas　スニーカー　ナイトジョガー
例）暗闇で光る　ランニングシューズ　adidas　ナイトジョガー

説明文への盛り込み方

説明文には、商品情報とともに商品をイメージしやすいキーワードやトレンドワード、セールスポイントを余すことなく盛り込みます。説明文の文字数は1,000文字以内と限られていますが、トレンド情報や公式サイトの商品説明文を参考に読みやすく伝わりやすい説明文を作成しましょう。また、スマートフォンの画面では長文になると文章の切れ目が見づらくなってしまうため、箇条書きもしくは1文ごとに改行することをおすすめします。

商品を探している、もしくは購入を検討しているユーザーの立場になって、説明文をていねいに作成することを心がけると、たくさんの商品の中から自分の商品を選んでもらえたり、相手に安心してもらえたりすることにつながります。リピーターを獲得するうえでも、重要なポイントです。

盛り込みたいキーワード
アディダス、adidas、オリジナルス、ランニング、スニーカー、暗闇、サイズが大きい、デビット・ベッカム、人気、夜ラン、新品、未使用、箱あり、送料無料、匿名配送、コメント不要、即購入可

商品説明文の参考例
あの**ベッカム**選手も愛用している**adidas** Originals（**アディダスオリジナルス**）の**人気ランニングスニーカー**「ナイトジョガー（NITE JOGGER)」の新作です。
暗くなってくるとリフレクターが反射するので、夜でも安全にランニングできます。
デザイン性にも優れているので日常使いにも最適です！
現在店舗では入手困難な**30㎝サイズ**なので、足の大きいランナーにおすすめです。
仕事が忙しくなり、今後**夜ラン**ができなくなるのでお譲り致します。
新品未使用、**箱付き**です。
送料無料、**匿名配送**、即日発送でお届けします。
購入時の**コメント**は**不要**、**即購入可能**です。

英語のメーカー名・ブランド名の表記

商品のブランド名・メーカー名に英語表記が含まれている場合は、できるだけ日本語訳と併記することでアクセス数が上がります。ただし、タイトルの場合は文字数が厳しくなるので、英語と日本語それぞれを検索してみて、検索結果が多いほうを記載しましょう。

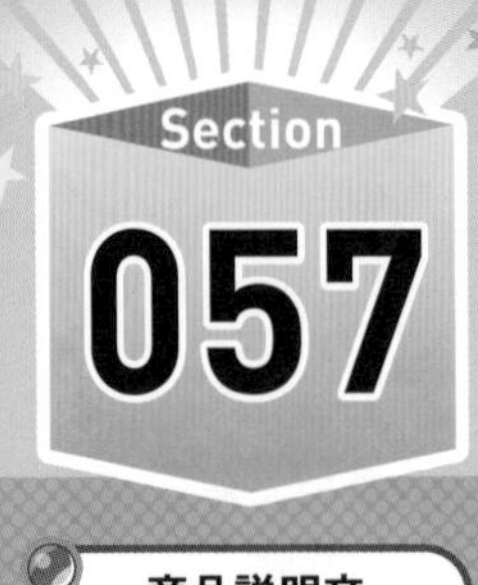

取引時の注意事項を明記する

商品説明文

メルカリは中古品売買をメインとするプラットフォームですが、クレーム防止や円滑な取引を行うためには、規約に則って商品説明文に注意事項を明記することも必要です。

商品に関する注意事項

一度でも使用したことが中古品

検品をして動作や使用に問題がないことをアピールしながらも、中古品であることは念押ししておきましょう。

- 中古品のため、使用感が気になる方は購入をご遠慮ください。
- 動作確認済ですが、中古品のため細かい点が気になる方はご購入をご遠慮ください。
- 出品する際に検品していますが、素人検品のため見落としはご了承ください。

汚れ・破損・ほつれがある商品

汚れや破損などがある商品はクレームになりやすいため、必ず注意事項を記載しましょう。問題のある箇所も詳細に記載します。該当箇所の画像も載せましょう。

- 背面が一部欠けていますが、正面からは見えません。
- レースはほつれている箇所があります。

ペットを飼育している環境で使用・保管している商品

犬や猫などを飼育している場合は、商品に体毛が付着する可能性があります。品質に問題なくてもクレームになりやすいため、ごまかさずに記載しておきましょう。

- ペットがいるため、臭い移りが気になる方は購入をお控えください。

喫煙者のいる環境で使用・保管している商品

自分が喫煙者、あるいは家族に喫煙者がいる場合は、商品に臭いが移る可能性があります。タバコの臭いを嫌う人は多いので、ごまかさずに記載しておきましょう。

- 家族に喫煙者がいるため、臭い移りが気になる方は購入をお控えください。

高額な商品

高額な商品はクレームになりやすいため、じっくり検討してもらうためにコメントでの質問や写真追加に応じる旨を記載しておくことをおすすめします。

- 気になる点があれば、コメントで何でもご質問ください。必要であれば写真も追加します。

並行輸入商品

メルカリでは、メーカーの直営店や正規代理店以外の代行業者を通じて出品する「並行輸入商品」も数多く出品されています。日本で発売されている正規品とはパッケージやデザインが異なる場合があるので、明記しておきましょう。

- 輸入品のため、日本版とはパッケージデザインが異なります。

取引に関する注意事項

返信や発送できる時間帯が限られている場合

日中仕事をしている社会人や学校に通っている学生など、コメントの返信や商品の発送ができる時間が限られている場合には明記しておきましょう。

- 日中は仕事のため、コメントの返信は20時以降になります。
- 土日祝日に購入された場合は週明けの発送になります。

ばら売り可能な場合

ばら売りに対応できる場合は、コメントで申告してもらう必要がある旨を明記しておきましょう。ばら売り時の対応についての詳細は、Sec.043を参照してください。

- ばら売り希望の方はコメントをお願いします。

簡易包装やリサイクル梱包をする場合

包装は配送事故が起こった際に商品に大きな影響が出るため、多くのユーザーが重視するポイントです。簡易包装やリサイクル梱包の場合には明記しておきましょう。

- 梱包は簡易包装とさせていただいています。
- 梱包にはリサイクル素材を使用します。

Section 058

ハッシュタグを使ってアピールする

商品説明文

商品ページの閲覧数を増やすには、SNSのような「ハッシュタグ」を付けると効果的です。ここで解説するハッシュタグの概要とメルカリでの効果的な使い方を参考に盛り込んでみましょう。

ハッシュタグとは

TwitterやInstagramなど、主にSNSで利用されている「ハッシュタグ」は、「#（半角シャープ）」と「キーワード」を組み合わせたもので、メルカリでも使用することができます。#とキーワードの間にスペースは不要です。

ハッシュタグを設定すると、文字が青色に変わります。ハッシュタグをタップすると、同じハッシュタグを設定している商品が検索結果に表示されます。ハッシュタグを設定すると類似する商品の価格などを比較検索できるメリットがあります。そのため、ほかの類似商品を見ていた人からのアクセスが期待できます。

ハッシュタグを使った例

ヘアサロンのヘッドスパ利用時におまけでいただいたものです。自分で利用する予定はないのでお譲りします。
購入時コメントは不要。即購入OKです。
15時までに購入していただければ即日発送手続きします。15時以降は翌日午前中発送となりますのでご了承ください。

#ukaウカリップネイルバームスウィートトーク
#uka
#保湿
#美容
#送料無料

6分前

◀ ハッシュタグが適用されていると、通常のテキストとは異なり、文字が青色に変わる。タップすると、同じハッシュタグを設定している商品が表示される。

ハッシュタグとキーワードの違い

ハッシュタグ検索とキーワード検索は同じように見えますが、実は検索結果が異なります。たとえば、「ハンドクリーム」で検索した場合は約13,000件、「#ハンドクリーム」で検索した場合は約1,800件が検索結果に表示されます（2020年7月時点）。

一見すると前者のほうが検索結果数が多いのでよいように思えますが、商品ページからいちいち検索結果に戻ってほかの商品や関連商品のページを表示するというスマートフォンの予備動作は意外と面倒です。

その点、ハッシュタグを利用した場合には、商品ページ内のハッシュタグをタップすることで、かんたんに関連商品が表示されるので無駄な操作が減ります。メルカリに慣れているユーザーの多くは、時短のためにハッシュタグ検索を活用していることが多いといってもよいでしょう。

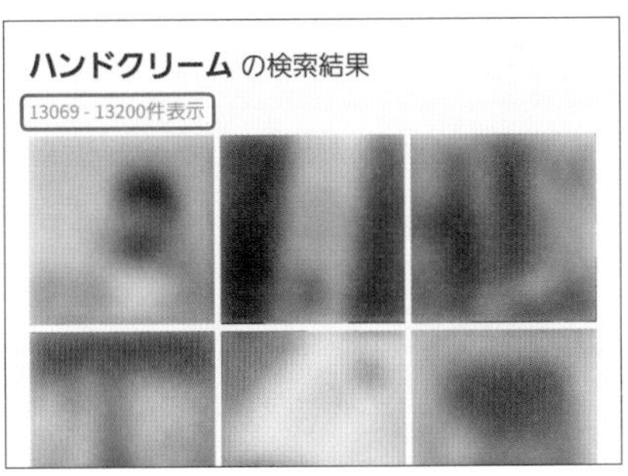

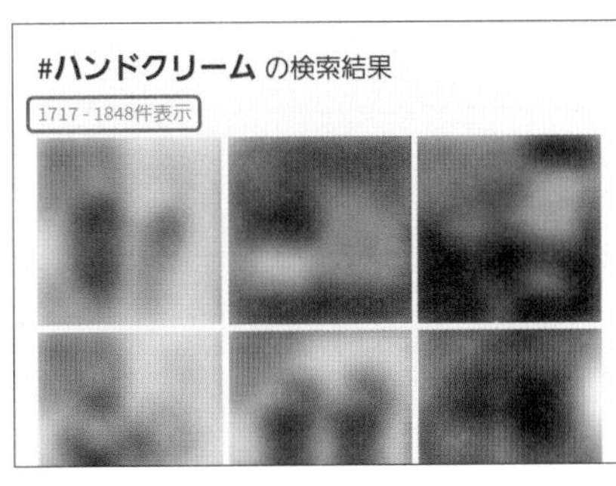

ハッシュタグにすると効果的なキーワード

ハッシュタグにすると効果的なキーワードは、以下の通りです。

#ブランド名（英語のブランド名は英語と日本語どちらも）
#メーカー名（英語のブランド名は英語と日本語どちらも）
#デザイナー
#商品カテゴリ
#商品の特徴
#トレンドワード

商品説明文のキーワードと同じものを設定すれば、検索の相乗効果が期待できます。

Section 059

オリジナルのテンプレートを使って効率アップ

テンプレート

メルカリへ出品するたびに商品説明文をその都度考えるのは、非効率的です。記載する項目が大体決まっているのであれば、メルカリのテンプレート機能を利用しましょう。

メルカリにテンプレートを登録する

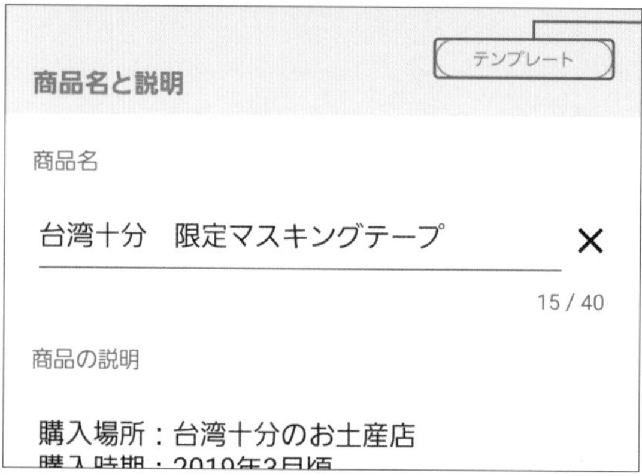

テンプレート
商品名と説明
商品名
台湾十分　限定マスキングテープ
15 / 40
商品の説明
購入場所：台湾十分のお土産店
購入時期：2019年3月頃

❶商品ページの編集画面を表示し、＜テンプレート＞（iPhoneは＜テンプレートを使う＞）をタップします。

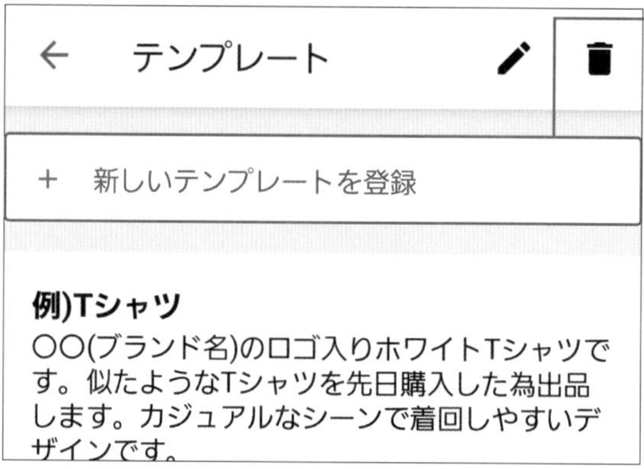

テンプレート
＋　新しいテンプレートを登録
例)Tシャツ
〇〇(ブランド名)のロゴ入りホワイトTシャツです。似たようなTシャツを先日購入した為出品します。カジュアルなシーンで着回しやすいデザインです。

❷＜新しいテンプレートを登録＞をタップします。

MEMO　テンプレートを編集する

登録したテンプレートのテキストを変更したい場合には、手順❷の画面で✏をタップし、変更したいテンプレートをタップすると、編集画面が表示されます。

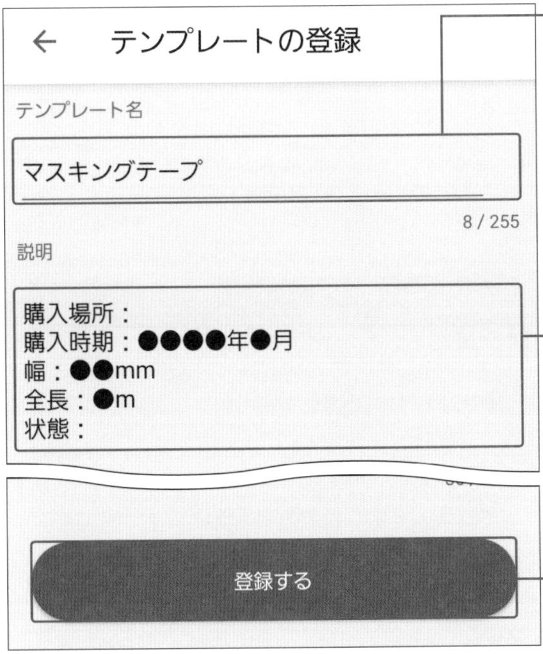

← テンプレートの登録

テンプレート名

マスキングテープ

8 / 255

説明

購入場所：
購入時期：●●●●年●月
幅：●●mm
全長：●m
状態：

登録する

❸テンプレートの名前を入力します。

❹テンプレートの内容を入力します。

❺＜登録する＞をタップすると、テンプレートが登録されます。

テンプレートを呼び出す

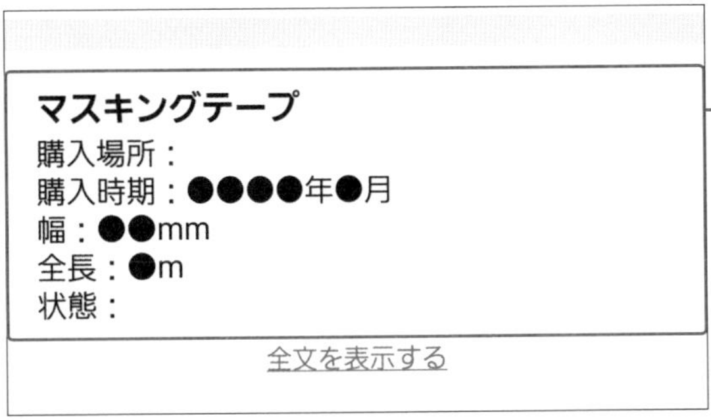

マスキングテープ
購入場所：
購入時期：●●●●年●月
幅：●●mm
全長：●m
状態：

全文を表示する

❶P.122手順❶を参考に「テンプレート」画面を表示します。

❷説明文に貼り付けたいテンプレートをタップします。

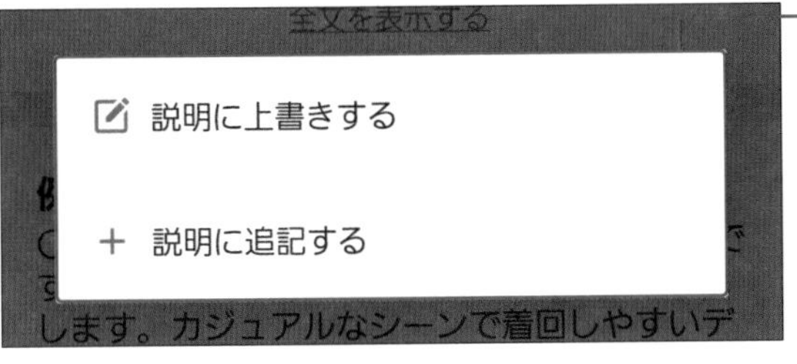

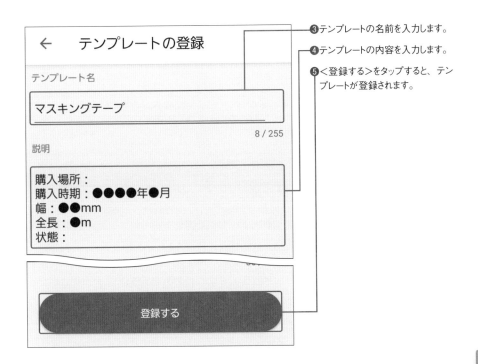

❸説明文に上書きする場合は＜説明に上書きする＞、説明文に追記する場合は＜説明に追記する＞をタップします。

適正な値付けの調べ方

Sec.024でメルカリの相場価格の調べ方を解説しましたが、相場価格と利益を出すための適正価格は同義ではありません。ここでは、メルカリで利益を出すための適正な値付けテクニックを解説します。

適正な値付けの4つのパターン

メルカリでは、出品する商品の最低価格と最高価格が決まっています。設定できる販売価格は、最低価格が300円、最高価格が999万9,999円です。販売手数料10%と送料がかかるため、300円未満での出品はできません。

利益を得るためには、相場価格帯よりも上の価格を設定するのが基本です。さらに、商品の状態・需要・希少性のバランスも見て、付加価値があればより高値を、商品の状態が悪く需要が低いようなら値引きしましょう。

商品の価格帯を理解して値付けする

商品の価格には、主に以下の4つの価格帯があります。

相場価格（平均価格）

多くの類似商品に設定されている一般的な価格帯です。値付けの基準となる価格帯なので、競合商品が多いのも特徴です。

原価（仕入れ価格）

値付けする際には、まず原価（仕入れ価格）を起点として考えます。原価よりも安い価格にすると赤字になるため、原価以下の価格はできるだけ設定しないようにしましょう。

相場価格より安価

もっとも売れやすい価格帯です。ただし、利益が少ないため、薄利多売で商品を多く売る必要があります。

相場価格よりも高価

売れにくい価格帯ですが、競合商品が少なく大きな利益が得られます。新品や希少価値が高いなど、何らかの付加価値があることが望ましいです。

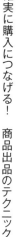

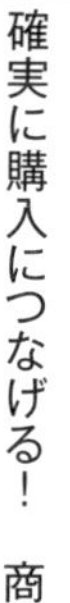

利益を優先して値付けする（原価積み上げ方式）

利益を優先して根付けする場合の計算式は以下の通りです。なお、この計算式は送料込の場合を想定しています。

（仕入れ価格+希望の利益+送料）×10/9=販売価格
（仕入れ価格+希望の利益+送料）×1/9=販売手数料
販売価格-販売手数料=売上金（手元に残る金額）

たとえば、以下の条件で目的の利益を得たい場合は次のように計算して値付けします。小数点以下は切り捨てます。

仕入れ価格：1,000円
送料（ネコポス　らくらくメルカリ便）：195円
希望利益：500円
販売価格：（1,000円+500円+195円）×10/9=1,883円
販売手数料：（1,000円+500円+195円）×1/9=188.333…円
手元に残る金額：1,883円-188円=1,695円

計算結果によると、500円の利益を得たい場合は1,883円の価格を付ければよいということになります。

競合商品よりも安い価格で値付けする

メルカリの検索機能を使い、競合商品の相場価格がどれくらいなのかを調べます（Sec.024参照）。競合商品の平均価格よりも少し安めの値段を付けると、購買率がアップします。ただし、相場価格が下がって値崩れしまう可能性があるので、難易度は高いです。

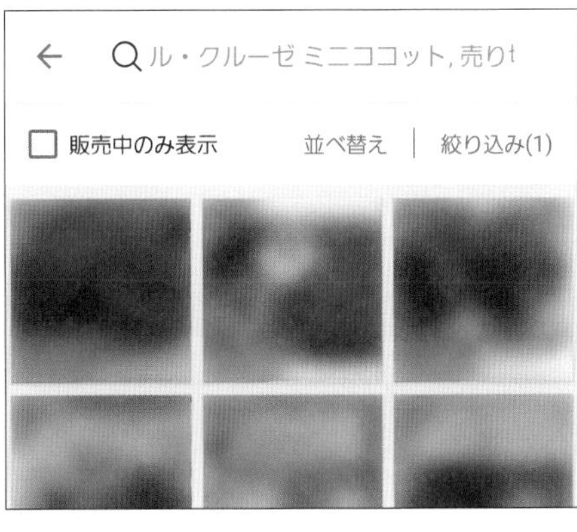

値引き交渉を想定して高めの価格を付ける

メルカリの醍醐味といえば、値引き交渉です。あらかじめ値引き交渉があることを想定して少し高めの価格を設定しておくと、値下げした際にお得感があるように感じられます。

新品や未使用品は他サイトで相場価格を調べる

値付け

新品や未使用品は通常の中古商品よりも付加価値があるので、ECサイトで販売されている類似商品と同じ価格での出品も可能です。ここでは、相場価格を調べるのに最適なWebサイトを解説します。

新品・未使用品の相場価格調査に最適なWebサイト

Amazon（https://www.amazon.co.jp/）

世界最大のECサイトです。多くの小売業者の値付けに影響を与えています。メルカリでの値付けにも欠かせないWebサイトなので、ぜひチェックしておきましょう。

楽天市場（https://www.rakuten.co.jp/）

国内最大級のECサイトです。楽天市場に出品している商品の価格比較ができる「商品価格ナビ」機能（https://product.rakuten.co.jp/）が便利です。

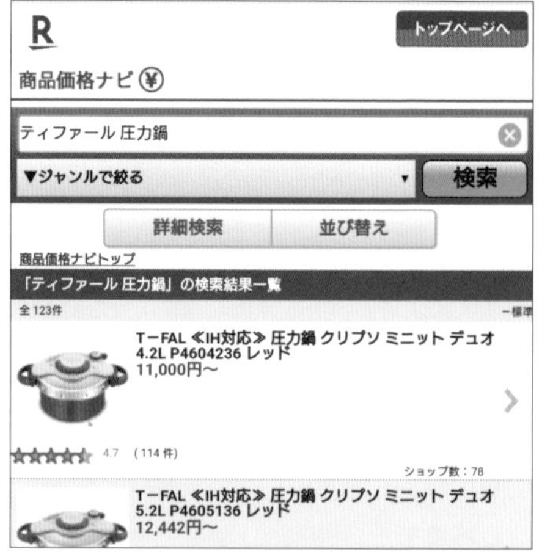

価格.com（https://kakaku.com/）

ネットショップで販売されている商品の最安値を比較検討できるサービスです。

aucfan（https://aucfan.com/）

ヤフオクやモバオクなどオークションサイトでの落札相場価格を調べられるサービスです。

Shoply（https://shoply.co.jp/）

Amazon、楽天市場、Yahoo!、PayPayモールなど大手ECサイトの商品を価格比較できるサービスです。

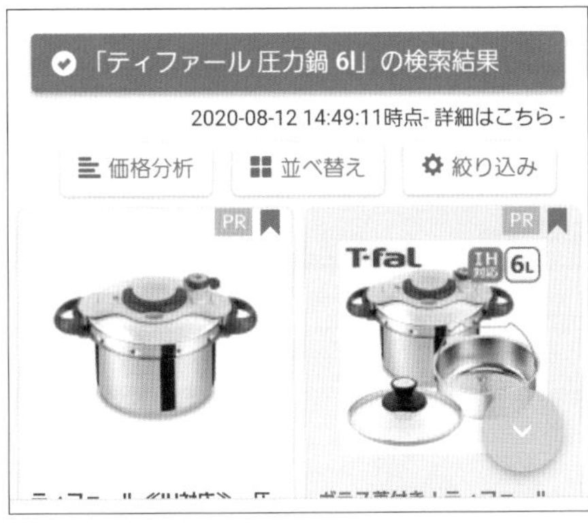

おまけ

おまけを付けて リピーターを獲得する

メルカリで長く利益を得るためには、一般的なショップのようにリピーターになってもらうことが近道です。ここでは、おまけのアピールテクニックを解説します。

おまけをアピールする

「このジュースを買えばもう１本無料でもらえる」「こちらの化粧品を買うと化粧品サンプルが付いてくる」など、その商品に付加価値があると、お得感が演出され、商品を手に取ってもらいやすくなります。なお、出品している商品に関連する商品をおまけにすることが望ましいでしょう。

プロフィールに記載する

プロフィールの「自己紹介」に、購入者におまけを付けることを明記します。おまけを付ける条件もあわせて記載しておくと親切です。

自己紹介

ご覧いただきありがとうございます。
お互いが気持ちの良いお取引をできるよう心がけています。
よろしくお願いします。

リピーター様には、細やかですがおまけを付けます。
不明点があれば、お気軽にご質問ください。

商品ページで知らせる

商品ページの「商品説明文」にも、おまけを付けることを明記しておきます。タイトルや商品写真に盛り込むのも効果的です。

商品名と説明　テンプレートを使う

【新品未開封】パーフェクトワン バスエッセンスb 18…

頂き物ですが、今後使用する予定がないので18個をセットにして出品します。
外箱はありませんので、気になる方はご購入をご遠慮ください。
コメント不要、即購入可能です。
お気軽にどうぞ。
ご購入いただいた場合、おまけが付きます。

●商品名：パーフェクトワン バスエッセンスb
●個数：18袋
●状態：新品未使用

おまけの選び方

ここでは、メルカリのおまけ商品の選び方をご紹介します。ぜひ、参考にしてください。

送料の負担にならないものを選ぶ

おまけに付けるものはとくに決まりはありませんが、送料に影響する大きさのものは損をしてしまいます。出品時に指定した箱や袋に収まる大きさ・重量のものを選択しましょう。

新品や未使用のものを選ぶ

おまけだからといって状態の悪いものを付けるとかえって逆効果になるため、新品や未使用のものがベストです。

関連商品を選ぶ

出品している商品との関連性があるおまけは大変喜ばれます。

おまけには選ばないほうがよい物

ちょっとしたお菓子をおまけに付けるユーザーもいますが、賞味期限や衛生面での問題もあるため、避けたほうがよいでしょう。

≫ 定番のおまけ商品

メモ帳

ハンカチ

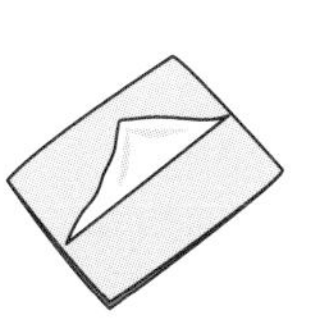

ポケットティッシュ

シール

化粧品サンプル

MEMO　おまけがトラブルになることも

おまけを付けることを明記した場合、購入者はおまけも商品の一部と見なします。そのため、適当なものを選ぶとかえって評価を下げる原因になってしまいます。あえてプロフィールや商品説明文に記載せず、取引メッセージでおまけを付けてもよいか確認するという方法もあります。

Section 063

即購入をOKにすることのメリットとデメリット

即購入

メルカリでは、商品を即購入OKにすることで売れやすくなるメリットがありますが、デメリットも存在します。メリットとデメリットを理解し、自身の商品に採用するか判断しましょう。

即購入のメリット&デメリット

即購入というシステムは、事前にコメントなどで出品者とコミュニケーションをとることなく、購入することです。プロフィールや商品説明文に「コメントなし購入禁止」と提示しているユーザーも見受けられますが、これは公式ルールではなく独自ルールとされています。

購入者やメルカリ初心者から見れば、購入に対するハードルが下げられるため、「即購入歓迎」と明記することは大変効果的です。

ただし、出品者から見れば、即購入というシステムは購入者を選ぶことができません。そのため、リスク回避のために購入条件を付けている出品者は数多く存在します。しかし、購入者にとっては大変面倒でストレスになり、かえって敬遠されるため、購入機会の損失になってしまいます。

メルカリ本来のルール「即購入」に則った正当な取引と対応を行えば、よい取引へとつながる一歩となります。

	出品者	購入者
メリット	・値下げ交渉を避けることができる ・取り置きやまとめ買いの手間を避けることができる ・専用ページ作成の手間がない	コメントする手間がないので購入のハードルが下がる
デメリット	購入者を選べない	ほかのユーザーに割り込みされて先に購入される可能性がある

「送料込み」はユーザーにとって魅力的

送料

出品する商品の送料は、出品者が負担する「送料込み」と購入者が負担する「着払い」のどちらかを選択できます。送料は、メルカリで確実に売るためには欠かせない条件です。

送料込みで損をしないテクニック

メルカリは、基本的に出品者が送料を負担するケースが多いです。むしろ、着払いにしてしまうと購入者が損をするため、売れにくい傾向にあります。少しでも利益を出すために、ここで紹介する方法を参考にして送料を抑える工夫をしましょう。

送料を考慮した価格を付ける

販売価格が安い商品は、送料込みにするとほとんど利益が出ません。Sec.060などを参考にして、利益を出せる価格を設定します。

価格の安い配送方法を選択する

メルカリには、さまざまな配送方法が用意されています。商品の大きさや重量にもよりますが、できるだけ安い送料の配送方法を選択するようにします。小さな商品であれば、郵便やメール便で配送するのもよいでしょう。

梱包を工夫する

購入者の手元に無事に届くようしっかり梱包するのは当然ですが、梱包資材はリサイクルのダンボールや緩衝材などを使うと節約できます。封筒に収まるようなサイズなら、箱ではなく封筒で梱包するとよいでしょう。

MEMO　着払いにしても問題ない商品はある？

基本的には送料込みに設定するほうがよいですが、希少価値が高くほかに競合商品がないものであれば、着払いにしても問題ないでしょう。また、値引き交渉を想定して最初は「着払い」に指定し、値引きの要望があれば送料込みに変更するという方法も、お得感を与えることができます。

Section 065

商品別おすすめの発送方法

発送方法

メルカリには、さまざまな発送方法が用意されています。ここでは、各発送方法の詳細とおすすめの発送方法を解説します。各発送方法の特徴を理解しましょう。

商品別の発送方法

メルカリ公式のおすすめ配送方法

メルカリの発送なら、出品者と購入者の個人情報を隠して発送できる匿名発送に対応した「らくらくメルカリ便」または「ゆうゆうメルカリ便」がおすすめです。万一配送事故があった場合も補償が付いています。

発送方法		大きさ	重さ	発送料（税込）	専用資材	向いている商品
らくらくメルカリ便	ネコポス	角形A4サイズ（31.2㎝×22.8㎝×厚さ2.5㎝以内）	1kg以内	175円	なし	服、小物、本、CD
	宅急便コンパクト	縦24.8㎝×横34㎝以内 縦25㎝×横20㎝×厚さ5㎝以内	制限なし	380円	要：70円	厚手の服、コスメ、小物
	宅急便	縦・横・高さの合計によって異なる60/80/100/120/140/160サイズ	2kg～25kg以内	700～1,600円	なし	家電、インテリア雑貨、ホビー
ゆうゆうメルカリ便	ゆうパケット	A4サイズ（※3辺合計60cm以内、長辺34cm以内、厚さ3cm以内）	1kg以内	200円	なし	服、小物、本、CD
	ゆうパケットプラス	縦：24cm×横17cm×厚さ7cm以内	2kg以内	375円	要：65円	厚手の服、コスメ、小物
	ゆうパック	縦・横・高さの合計によって異なる60/80/100サイズ	一律25kg以内	700～1,000円	なし	家電、インテリア雑貨、ホビー

A4サイズ以下のおすすめ配送方法

A4サイズ以下で重量も軽いものであれば、郵便物として発送するのがおすすめです。ただし、補償や追跡は付かず匿名で配送できません。また、一般的な宅急便やメール便と比較すると配送までに時間がかかるため、あらかじめ購入者に同意を得たほうがよいでしょう。

発送方法		大きさ	重さ	発送料（税込）	専用資材	向いている商品
定形郵便物		縦23.5cm×横12cm×厚さ1cm以内	50g以内	84～94円	なし	チケット、アクセサリー、シール、試供品など
定形外郵便物	規格内	縦34cm×横25cm×厚さ3cm以内	1kg以内	120～580円	なし	
	規格外	縦・横・高さの合計が90cm以内（※縦は60cm以内）	4kg以内	200～1,350円	なし	
ミニレター（郵便書簡）		縦16.4cm×横9cm×厚さ1cm以内（※サイズオーバーすると定形外扱い）	25g以内	63円	あり（発送料に含まれる）	

大型商品のおすすめ配送方法

大型の家具・家電の配送なら、匿名配送にも対応した「梱包・発送たのメル便」が安価で便利です。専用スタッフが自宅まで来て梱包してくれるので、梱包の手間や資材の準備も不用です。

発送方法	大きさ（三辺合計）	重さ	発送料（税込）	向いている商品
梱包・発送たのメル便	80/120/160/200/250/300/350/400/450サイズ	150kg以下	1,700～33,000円	タンス、洗濯機、冷蔵庫、ソファー、食器棚、自転車、タンス、ベッドなど

MEMO　専用資材はメルカリストアで購入しよう

梱包資材は、メルカリアプリ内の「メルカリストア」からも購入可能です。メルカリストアは、「ホーム」画面で＜カテゴリー＞→＜メルカリ公式梱包グッズ＞の順にタップするとアクセスできます（P.171参照）。

Section 066

販売利益を高くするには「まとめ売り」が有効

まとめ売り

少しでも高い販売利益を得るには、複数の出品商品と関連付けたまとめ売りが効果的です。ここでのテクニックを参考にして、まとめ売りにチャレンジしてみましょう。

まとめ売りのテクニック

関連するカテゴリの商品をまとめ売りにする

まとめ売りでお買い得になるとはいっても、購入者からしてみれば関心のない商品はほしくありません。たとえば、化粧品を出品しているのに男性用の服をまとめ売りするなど、本来のターゲット層の関心から乖離した組み合わせにしてもまず売れないでしょう。

化粧品と香水など、ターゲット層と関連性のある商品を組み合わせると効果的です。まずは、自分がどの組み合わせならまとめ買いしてもよいかを購入者視点で考えてみましょう。

» 関連性のある商品の組み合わせの例

出品カテゴリーを「まとめ売り」に設定する

最初からまとめ売りが前提の商品は、商品カテゴリーを「まとめ売り」に設定しておくと、まとめ売りの商品を探しているユーザーに見つけてもらいやすくなります。商品カテゴリーは＜その他＞→＜まとめ売り＞の順にタップすると設定できます。

商品の情報

カテゴリー	その他 > まとめ売り
商品の状態	新品、未使用
配送料の負担	送料込み(出品者負担)
配送の方法	らくらくメルカリ便
発送元の地域	東京都
発送までの日数	1~2日で発送

メルカリ安全への取り組み

まとめ売り希望者には値引きする

まとめ売りの場合は、単品価格よりも値引きすることを商品説明文に記載しておきます。また、1枚目の写真にその旨を文字入れしたり、商品タイトルに盛り込んだりすると効果的です（Sec.062参照）。

まとめ売りに備えて専用ページを作成しておく

別々に出品している商品をまとめ売りする場合は、できるだけ早めに対応できるよう専用ページを下書き作成しておくとスムーズです（Sec.068参照）。

まとめ売りキャンペーン期間中に販売する

2020年3月中旬～下旬に実施された「まとめ売り＆まとめ買い」をテーマにしたキャンペーンの期間中は、普段よりもまとめ買いの購入率がアップしました。不定期ですが、こうしたキャンペーンを利用してまとめ売りをするのも効果的です。

Section 067

まとめ買いは割引してお得感を与える

割引

複数の商品を出品している場合に同じ購入者にまとめて購入してもらうのであれば、割引してお得感を演出すると売れやすくなります。ここでは、このようなまとめ買いを想定した対応方法を解説します。

まとめ買い割引する際の対応方法

まとめ買いによる梱包のサイズや重さと送料を確認し、単品での送料と変わらない場合であれば、送料分を値引きすることをおすすめします。商品によっては、まとめて配送することで送料が高くなってしまうため、よく考慮してから値引き額を提示しましょう。

商品説明文に記載する

自由にテキストを記載できる商品説明欄に、まとめ買いした場合に割引する旨を記載しておきます。わかりやすいように、単品の場合と価格比較するのもよいでしょう。

なお、後に専用ページなどを作る必要があるため、「まとめ買い希望の方はコメント欄にひと言ください」などと記載しておきましょう。

商品の情報を入力

商品名と説明　テンプレートを使う

【新品未使用】パーフェクトワン バスエッセンスb 18…

頂き物ですが、今後使用する予定がないので18個をセットにして出品します。
外箱はありませんので、気になる方はご購入をご遠慮ください。
コメント不要、即購入可能です。
お気軽にどうぞ。

他商品も同時出品中。
まとめ買いされる方は値引きさせていただきます。
ご希望の方はコメント欄に一言ください。

●商品名：パーフェクトワン バスエッセンスb
●個数：18袋
●状態：新品未使用
●購入時期：2020年1月頃
●香り：バニラ

#パーフェクトワンバスエッセンス
#新日本製薬
#パーフェクトワン
#入浴剤
#美容
#即購入可能
#送料無料

配送について

配送料の負担　送料込み(出品者負担)

タイトルに盛り込む

検索にヒットするよう、商品タイトルにも「まとめ買い割引」「割引条件あり」などのキーワードを盛り込みます。文字数が足りない場合も、できるだけ優先して記載しましょう。

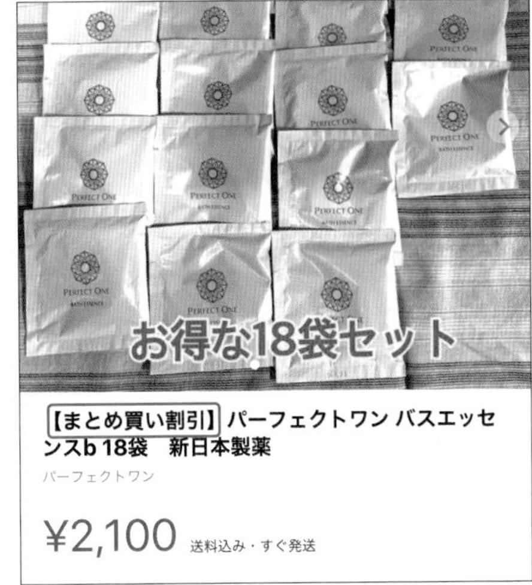

1枚目の写真に記載する

まとめ買い割引対応であることを文字入れします。文字入れの方法は、Sec.042を参照してください。

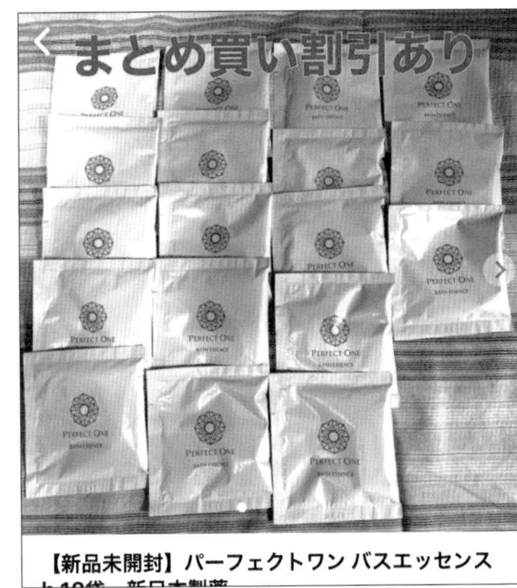

専用ページを作成する

まとめ買いを希望するユーザーからのコメントがあった場合には、専用ページを作成します。あわせて、まとめ買い対象商品については出品を一時停止して商品ページの写真や値段を変更しましょう（Sec.043参照）。続いて、専用ページを作成します（Sec.068参照）。

「専用販売」をする場合の進め方

専用販売

メルカリは即購入がルールですが、購入希望者を優先したい出品者は専用販売という形で取り置き対応しています。ここでは、専用販売をする場合の進め方について解説します。

専用販売の事前準備

コメントに対応する

専用販売を希望するユーザーは、出品者と唯一連絡が取れる商品ページのコメント欄でその旨コメントをしてきます。対応できる場合は必ずコメントに返信しましょう。さらに、後に解説する専用ページに誘導します。

ユーコ

こんにちは。コメントありがとうございます。取り置きは可能ですよ。後ほど専用ページを作成しますので、こちらでおしらせしますね。

9分前

こんにちは。購入を検討しているのですが、取り置きしていただくことは可能でしょうか？

11分前

出品を一時停止する

続いて、ほかの購入者が間違えて購入しないように、商品の出品を一時停止します。

専用ページを作成する

P.138を参照して専用販売の事前準備ができたら、以下のポイントを参考にして専用ページを作成します。商品名や説明文に「〇〇様専用」と付け加えたり、1枚目の画像に「〇〇様専用」と付け加えたりするなど、元の商品ページを流用して専用ページに変更する方法もあります。しかし、元の商品ページは編集や削除をせず、新しく専用ページを作成するほうがトラブルを避けられます。

商品写真

1枚目の商品写真に「〇〇様専用」と文字入れした写真を必ず設定します。2枚目以降は、規約違反にならないよう実物の商品写真を最低1枚は掲載します。

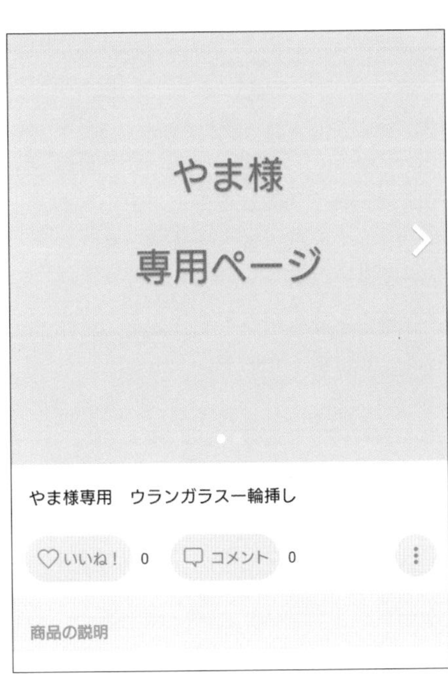

商品タイトル

商品名の先頭に「〇〇様専用」と付け加えます。

商品説明文

商品説明文はとくに記載する必要はありませんが、購入希望者の名前を記載するとわかりやすいです。また、必ずしも購入してくるとは限らないため、売れない可能性も考慮して期限を明記しておくことをおすすめします。

MEMO **専用販売はトラブルが発生しやすい**

専用ページはメルカリユーザー間の独自ルールです。ユーザーどうしでのトラブルが発生しても、運営からのサポートは望めません。なかなか商品が売れない場合を除いては、基本的に断ったほうがよいでしょう。

「いいね!」の数と売れ行きの関係

メルカリには、SNSのように気に入った商品をブックマークできる「いいね!」機能が搭載されています。実際に売れ行きと関係があるのかを見ていきましょう。

「いいね！」は商品ページの閲覧数の目安

メルカリの「いいね！」とは、商品のブックマーク機能のことです。「マイページ」画面の＜いいね！閲覧履歴＞をタップすることでいつでも参照できます。登録した商品は、値下げした場合やコメントがあった場合にリアルタイムで通知してくれるので、買い逃しを防止できます。

ユーザーが「いいね！」をする理由

「いいね！」をする理由は、次のようなものが考えられます。

- 値下げを待っている
- 類似商品と価格などを比較する
- 購入しようか悩んでいるが決め手がない
- 今すぐ購入は考えていないが欲しいものリストとして保存する

「いいね！」が多くても売れるとは限らない

「いいね！」は、すぐに商品を購入できないユーザーが商品をキープするために利用しているケースが大半です。そのため、「いいね！」が付いたからといってすぐには売れないことのほうが多いです。商品に興味のあるユーザーがいる、商品ページを見てもらえているという目安にとどめておきましょう。

出品時間帯によって売れ行きは変わる

出品時間帯

メルカリに出品してもなかなか売れない人は、まずは商品を購入しそうなターゲット層を見直してみましょう。ターゲット層の利用時間帯に合わせて出品してみると効果的です。

売れやすい時間帯

メルカリ全体でもっとも売れやすい時間帯は、金曜日と土曜日の夜です。ほかの曜日と比較すると利用者が多いので、出品するならこのタイミングが狙い目です。また、利用者に関係なく売れやすいゴールデンタイムは１９～２４時とされています。

メルカリの大半を占めている利用者層は大きく分けて「主婦」「学生」「社会人」の３つです。この３つの利用者層それぞれの生活スタイルを確認し、出品商品のターゲット層とあわせて出品時間帯を決定することをおすすめします。

主婦がターゲットの場合

メルカリのメインユーザー層である主婦は、家事やパートなどを済ませた平日の昼間～夕方頃、家族が就寝後の夜～深夜の利用頻度が高いです。

売れやすいカテゴリ：レディース、ベビー・キッズ、コスメ

学生がターゲットの場合

主婦と同じくメルカリのメインユーザー層である学生は、学校やバイトが終わった夕方～夜の利用頻度が高いです。

売れやすいカテゴリ：ホビー、グッズ、本、音楽、ゲーム

社会人がターゲットの場合

社会人は、平日の通勤のスキマ時間である朝、昼休憩の正午頃、退勤後の夜～深夜が狙い目です。土日祝日は、どの時間帯も偏りなく利用しています。主婦や学生と比較すると、ブランド物の購入率も高いです。また、財布の紐が緩みやすい給料日やボーナスのタイミングに合わせて出品するのもおすすめです。

売れやすいカテゴリ：全般

出品シーズン

衣類やコスメは出品する季節に気を付ける

メルカリでも人気が高い衣類やコスメは比較的売れやすいといわれています。売り時を逃がさないよう、商品に合わせた最適なシーズンに出品する必要があります。

衣類の最適な出品シーズン

シーズン衣服

コートや半袖Tシャツなどシーズンものの衣類は、店頭と同じ時期に出品すると売れやすいです。

礼服・スーツ

卒業式・入学式・入社式などフォーマルなイベントが集中する春は、礼服やスーツが1年でもっとも売れやすいです。

パーティードレス

結婚式シーズンの春や秋は、パーティードレスが売れやすいです。また、イベントが集中しやすいクリスマスやお正月も狙い目です。パーティードレスは店舗で購入すると高額なため、近年はメルカリで安く購入して節約するユーザーも多いので需要は高いです。ただし、トレンドにも左右されるため、発売時期から売却までの期間が短いほど購買率がアップします。

コスメ商品の最適な出品シーズン

シーズンコスメ商品

春メイク、夏メイク、秋メイク、冬メイクなど季節感を感じさせるメイクも、衣類と同様に店頭と同じ時期に出品するのがおすすめです。また、使用期限や購入時期についても確認し、適切な出品時期を決定しましょう。

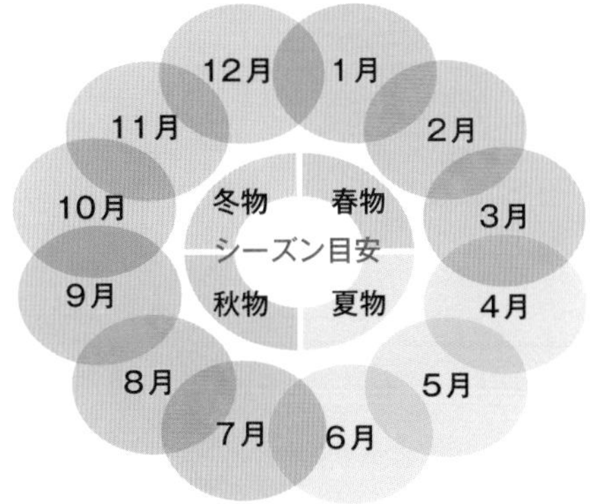

限定カラー商品

限定カラー商品はトレンドに左右されるため、発売時期から売却までの期間が短いほど購買率がアップします。

UVカット商品

温暖化が進んだ昨今ではオールシーズンでUVカットコスメが売れていますが、とくに紫外線が強くなる春〜夏にかけて需要が高まります。

パーティーメイク商品

いつものメイクよりも華やかなパーティーメイクは、結婚式シーズンの春や秋、クリスマスやお正月に需要が高まります。

トレンドコスメ商品

オンラインショップやSNSの口コミによって、需要が高まるトレンドコスメ商品は、実店舗の売れ行きや最新情報を参考に出品しましょう。

MEMO　香水を出品する場合

ネットショッピングを見てみると、香水の並行輸入品は正規品に比べると低価格で販売されています。また、購入から時間が経っている商品は、香りが変化している可能性が高いです。適正な価格設定と購入から出品までの明確な月日を提示することをおすすめします。

Section 072

出品商品の効率のよい管理方法

商品管理

メルカリで少しでも高値で売るためには、きちんと管理することが大切です。ここでは、出品する商品を家庭でも効率よく管理する方法を解説します。

出品商品の管理テクニック

出品したい商品や売れ残っている商品が多くある場合には、適切な商品管理が大切です。とくに、断捨離や引っ越し前の所持品整理などとあわせてメルカリを利用しているユーザーは多く、自分なりの管理方法やルールを決めておくことで作業効率も格段に上がります。

商品をきれいに保管するために注意すること

》保管する部屋を決めておく

売れたときに探し回らないでよいように、あらかじめ商品を保管する部屋を決めておきます。

》箱や収納ケースに入れて整理整頓する

メルカリ出品用の箱や収納ケースを用意し、保管します。外からでも中身が見えるクリアケースがおすすめです。

》商品に番号を付けて保管する

同じような商品が多い場合は、商品に番号などを付けて管理すると差別化できます。付箋や袋に番号を記入しておくとわかりやすいです。

MEMO　保管する部屋がない場合

家に商品を安全に保管できる場所がない場合は、トランクルームの利用がおすすめです。近年は、専用の段ボールに預けたい荷物を入れて宅配で集荷してもらう宅配型トランクルームなど格安料金のトランクルームも登場しています。

» 湿気のない場所で保管する

紙や木などを原料とする商品は湿気を吸収しやすいため、変形やカビが発生しやすいです。湿気が少ない場所で保管しましょう。乾燥剤や除湿機などで湿気対策をするのも効果的です。

» 日焼けに注意する

多くの商品は、日当たりのよい場所に長時間置いたままにすると、紫外線によって色あせてしまいます。遮光カーテンや紫外線防止フィルムで紫外線対策を行うのも効果的です。

» ほこりに注意する

ほこりはカビや虫の温床となります。袋やケースに入れて保管すれば、ほこりを防止できます。

» 賞味期限・使用期限に注意する

食品や化粧品など、賞味期限や使用期限が設定されているものは要注意です。期限を過ぎたものはまず売れないので、厳重に管理しましょう。

在庫管理に便利なツール

» Google のスプレッドシートを利用する

多くの商品を出品している場合は、正確な在庫数を把握しておくことが大切です。在庫管理表のフォーマットを作成しておけば、スマートフォンやパソコンなどからいつでも確認できるのでおすすめです。

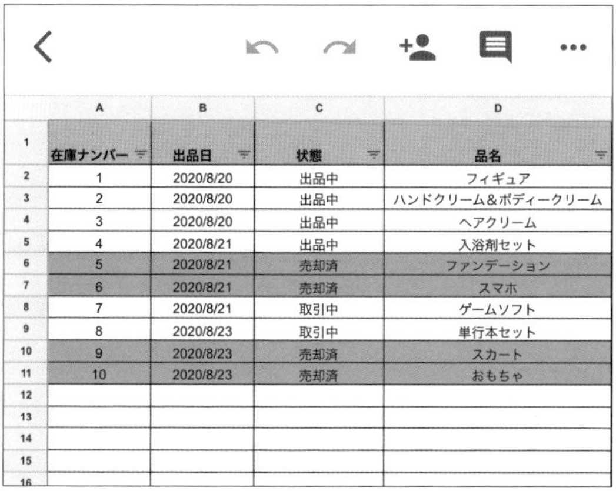

	A	B	C	D
1	在庫ナンバー	出品日	状態	品名
2	1	2020/8/20	出品中	フィギュア
3	2	2020/8/20	出品中	ハンドクリーム&ボディークリーム
4	3	2020/8/20	出品中	ヘアクリーム
5	4	2020/8/21	出品中	入浴剤セット
6	5	2020/8/21	売却済	ファンデーション
7	6	2020/8/21	売却済	スマホ
8	7	2020/8/21	取引中	ゲームソフト
9	8	2020/8/23	取引中	単行本セット
10	9	2020/8/23	売却済	スカート
11	10	2020/8/23	売却済	おもちゃ
12				
13				
14				
15				
16				

- 商品の保管場所
- 商品の状態（出品中、出荷済み、未出品）
- 仕入れ値と売上げ金額など

Section 073

タイトルを変えて検索ヒット率を上げる

カテゴリ

メルカリのキーワード検索による閲覧数がなかなか上がらない場合は、タイトルを見直すとよいでしょう。ここでは、検索ヒット率を上げるタイトルの付け方テクニックを解説します。

ヒット率を上げるタイトルの付け方

正しい商品名を入力しているか確認する

商品名が間違っていると、当然検索にヒットしません。商品の公式サイトなどで正式名称を確認して入力しましょう。

キーワードの優先順位

タイトルに盛り込むキーワードは、商品名を最優先しましょう。続いて、メーカーやブランド名、商品の状態、商品のキャッチコピー、トレンドワードの順に盛り込みます（Sec.052 ～ 053を参照）。

①商品名＞②メーカー・ブランド名＞③商品の状態＞④商品のキャッチコピー＞⑤トレンドワード

キーワードを盛り込みすぎない

関連性のあるキーワードであっても、多くのキーワードを羅列すると検索妨害行為が疑われて表示順位が下がってしまいます。キーワードは商品名を含めて3～5個までに留めておきましょう。

日本語とアルファベットはどちらも入力する

「Panasonic」や「Vuitton」は「パナソニック」「ヴィトン」など商品名に日本語表記とアルファベット表記の両方があります。このような場合は、どちらの表記も盛り込むようにします。

スペースを入れて見やすくする

実は検索機能そのものにはスペースの有無は関係ありませんが、キーワードとキーワードの間は半角または全角スペースを入れることで見やすくなり、検索結果から目に留まりやすくなります。

値下げをアピールする

商品を値下げする場合は、タイトルの先頭に「タイムセール」「特価」「○○円値下げ中」「○○%値下げ中」と盛り込んでアピールします。

新品や美品であることをアピールする

出品している商品が新品や美品の場合は、強いアピールポイントとなります。タイトルの先頭に「新品」「美品」と記載してアピールしましょう。

略語に注意する

「Playstation 4」は「PS4」「プレステ4」「プレイステーション4」などいくつかの呼び名があります。このような場合は、よく使われている名称を盛り込むようにします。

MEMO　タイトル変更が反映されたか確認してみる

タイトルを変更したら、盛り込んだキーワードを入力して、自分の商品が表示されるか確認してみましょう。ヒットしない場合は、検索ワードが多すぎて表示順位が下がっている可能性も考えられるので、再度見直す必要があります。

Section 074

カテゴリ

出品カテゴリを見直して露出の機会を増やす

出品時に指定する商品のカテゴリは、自分の希望するカテゴリとメルカリにおける正しいカテゴリが一致しない場合があります。商品のカテゴリが正しいかどうかを見直してみましょう。

商品のカテゴリを見直す

カテゴリのしくみ

商品のカテゴリは、以下のように大分類、中分類、小分類で構成されています。各分類を正しく指定することで、カテゴリ検索によって商品を絞り込めるしくみとなっています。

»「本・音楽・ゲーム」カテゴリの場合

カテゴリ(大分類)	中分類	小分類
本・音楽・ゲーム	本	すべて　文学/小説　人文/社会　ノンフィクション/教養　地図/旅行ガイド　ビジネス/経済　健康/医学　コンピュータ/IT　趣味/スポーツ/実用　住まい/暮らし/子育て　アート/エンタメ　洋書　絵本　参考書　その他
	漫画	すべて　全巻セット　少年漫画　少女漫画　青年漫画　女性漫画　その他
	雑誌	すべて　アート/エンタメ/ホビー　ファッション　ニュース/総合　趣味/スポーツ　その他
	CD	すべて　邦楽　洋楽　アニメ　クラシック　K-POP/アジア　キッズ/ファミリー　その他
	DVD/ブルーレイ	すべて　外国映画　日本映画　アニメ　TVドラマ　ミュージック　お笑い/バラエティ　スポーツ/フィットネス　キッズ/ファミリー　その他
	レコード	すべて　邦楽　洋楽　その他
	テレビゲーム	すべて　家庭用ゲーム本体　家庭用ゲームソフト　携帯用ゲーム本体　携帯用ゲームソフト　PCゲーム　その他

画像解析に頼らないようにする

出品時に商品写真を設定すると、画像解析によって自動的にカテゴリを指定してくれます。入力の手間が省けるので便利ですが、正しいカテゴリが指定されるとは限りません。商品ページを作成する際はこの機能に任せるのではなく、正しいカテゴリを確認してから手動で設定するようにしましょう。

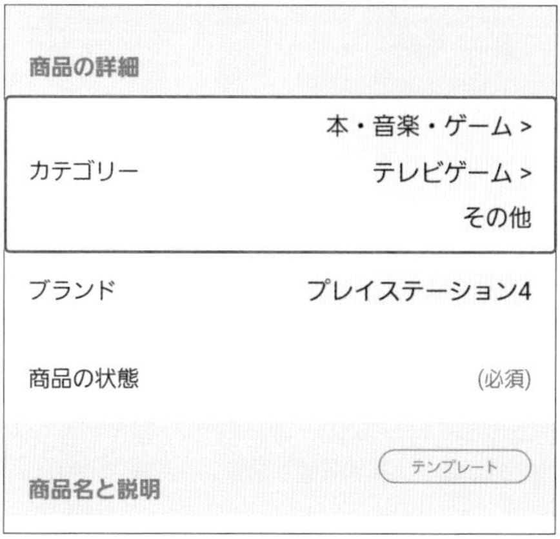

商品の詳細
カテゴリー　本・音楽・ゲーム > テレビゲーム > その他
ブランド　プレイステーション4
商品の状態　(必須)
商品名と説明　テンプレート

類似商品を検索して適切なカテゴリを確認する

正しいカテゴリを確認するなら、メルカリ検索で類似商品を検索してみましょう。同じ商品でも異なるカテゴリが設定されている場合は、もっとも多く設定されている多数派のカテゴリを選択しましょう。絞り込み検索も活用すると便利です。

オキュラス go, 家電・スマホ・カ
販売中のみ表示　並べ替え　絞り込み(1)
除外キーワード　を含まない
カテゴリー　家電・スマホ・カメラ
ブランド　指定しない
サイズ　指定しない
色　指定しない

カテゴリがわからない場合

類似商品を検索してもカテゴリがわからなかった場合は、近いカテゴリまたは小分類の「その他」というカテゴリを設定しましょう。

MEMO　商品とかけ離れたカテゴリにした場合

商品とかけ離れたカテゴリを設定すると、「虚偽カテゴリ」と見なされ、メルカリの規約違反になります。とくに、大分類や中分類の設定には注意しましょう。カテゴリに合致していれば問題はありません。

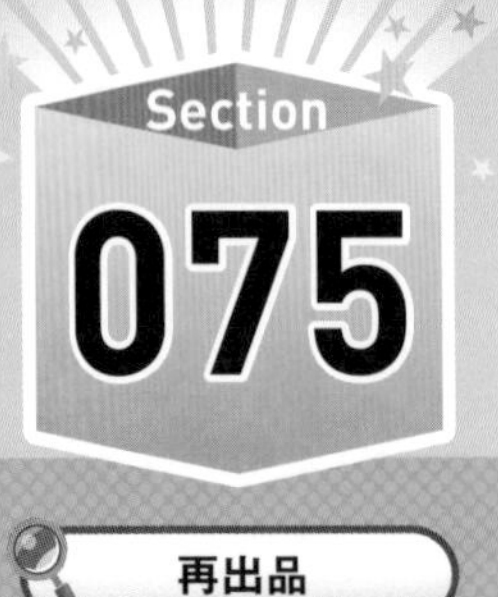

売れないときは再出品して目に留まるようにする

再出品

出品した商品が長期間売れないときは、思い切って再出品してみるのもおすすめです。ここでは、再出品する際の手順を解説していきます。

商品を再出品する

①出品中の商品を一時停止にする

再出品する予定の商品は、必ず一時停止状態にします。これは、同じ商品を同時に連続出品した場合に在庫がないと、メルカリの規約違反である無在庫出品に該当するためです。

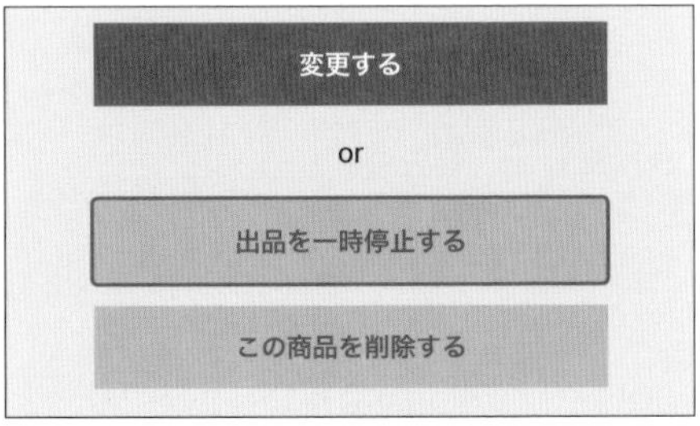

②新規出品する

商品ページを新しく作成します。写真や説明文は以前の商品ページを流用しても構いません（出品の手順はSec.027を参照）。

③前回の商品ページは削除する

再出品が完了したら、前回の商品ページは削除します。

④タイムラインの上位に表示される

再出品すると、タイムラインの上位に表示されます。ただし、1日に何度も再出品をすると検索に反映されなくなるため、ターゲット層が確実に見ている時間帯に行うことをおすすめします。

高評価は売上に直結! スムーズな取引テクニック

メルカリでの評価は取引につながる重要な要素です。本章では、コメント欄の活用方法や値下げ交渉時の対応、発送時の注意点など、メルカリでの取引をスムーズに行うコツを紹介しています。各セクションでポイントを押さえて、売上アップにつなげましょう。

取引の印象がよければリピーターになってくれる

メルカリは人と人とのコミュニケーションが取引の鍵です。できるだけていねいな対応を心がけ、購入者と出品者が互いに気持ちよく取引できれば、リピーター獲得にもつながります。

相手の視点に立って考える

本来のフリーマーケットは、対面によるコミュニケーションで取引が成立しますが、メルカリのようなフリマアプリでは、顔が見えない相手との交渉が基本です。テキストでのやり取りが主なため、ちょっとした言葉遣いなどで行き違いが生じてしまうこともあります。まずは相手がいることを念頭に置いて、**一方的に「(私が) 売りたい」アピールをするのではなく、「(必要としている誰かに) 買ってもらいたい」スタンスで出品することから始めましょう。**

そのうえで、購入者の視点に立って考えます。たとえば、「自分だったらその商品のこういった情報が知りたい」と思うことを商品説明文に盛り込んでみたり、「以前商品を購入した際に出品者から来て嬉しかったていねいな挨拶を自分も送ろう」といった想像力を働かせたりするだけで、ぐっと印象がよくなるでしょう。気持ちのよい取引ができれば、「またあの出品者から買おうかな」と思ってもらえ、リピーター獲得につながります。

実践したい対応の例

- 言葉遣いには気を付ける
- コメントには迅速に回答する（Sec.077参照）
- こまめにコミュニケーションを取る（Sec.079参照）
- 発送時にメッセージカードを同封する（Sec.087参照）
- ていねいな梱包を心がける（Sec.086参照）

リピーターになってくれる！

第一印象を決めるプロフィール

出品されている商品に興味を持ったとき、商品情報に加えて、出品者のプロフィールをチェックする人は多いのではないでしょうか。もし気になる商品を複数の人が出品していたとしたら、価格ももちろんですが、プロフィールから出品者の人柄や雰囲気をイメージして、取引しやすそうな出品者を選ぶでしょう。プロフィールの情報が少なくそっけない印象を与えてしまうと、実際の取引になったときに「対応がよくないかもしれない」と判断されてしまう可能性があります。後のリピーターを獲得するためにも、プロフィールはしっかり書いておくようにしましょう。

» 悪い例

» よい例

特別なことをする必要はない

リピーターを獲得する方法の1つとして、おまけを付けてお得感を与えたり、メッセージカードを付けたりするユーザーもいますが、特別なことをしなければならないというわけではありません。商品の状態を正確に記載したり、誠意を持って購入者とコミュニケーションを取ったり、ていねいな梱包を行ったりするなど、取引における基本的なことをしっかりと意識して行っていれば、自然とリピーターにつながるものです。気持ちよく取引を終えられれば、高い評価が付いて、リピーターになってくれる可能性も十分にあります。

「この人と取引してよかった」と思ってもらえるように、取引完了まで気を抜かず、親切な対応を心がけて接するようにしましょう。

コメントには なるべく早く回答する

出品した商品にコメントが付いたら、なるべく早めに回答するようにしましょう。すぐに回答できない場合は、その旨返信するなどして、誠意ある対応を見せることで安心感を与えます。

質問にはできるだけすばやく対応する

メルカリのコメント機能は、出品者とユーザーがやり取りする場所であり、出品された商品について質問したり、値下げ交渉したりする際に利用します。中には購入前に、「購入希望なのですがよろしいですか？」とひと言コメントを入れるユーザーもいます。

自分が出品した商品にコメントが付いたら、なるべく早めに回答するように心がけましょう。コメントが付くということは、そのユーザーが購入を検討している可能性が高いからです。もしも同じ商品が複数のユーザーから出品されているような場合は、誰から買うかを天秤にかけているかもしれません。別の出品者から満足のいく回答が得られれば、その出品者から購入する可能性もあります。

コメントが付いた場合は、メルカリの「お知らせ」画面から確認できます（下図参照）。

お知らせ　ニュース

1分以内
かなこさんが「マスキングテープ」にいいね！しました

1分以内
かなこさんが「マスキングテープ」にコメントしました

23時間前
夏の終わりこそメルカリで出品！今出品するとWでお得！

1日前
《まずはエントリー》いまだけポイント倍増！メルペイスマート払いで最大P2,000もらえる

2日前

◀「お知らせ」画面からコメントを確認できる。複数の出品者にコメントしている場合は、回答が早かったユーザーから購入することも。コメントへの対応も評価の対象となるため、できだけ早く回答することを心がける。

コメントの通知をオンにしておく

出品した商品にコメントが付くと、「お知らせ」としてスマートフォンに通知が届きます。届かないときは、通知設定がオフになっている可能性があるため、「マイページ」画面で<お知らせ・機能設定>をタップし、「コメント」の通知をオンにしておきましょう。通知が届けばコメントの見逃し防止にも役立ちます。

お知らせ・機能設定
プッシュ通知
いいね！
コメント
取引関連
オファー
アナウンス
いいね！した商品の値下げ
いいね！した商品へのコメント
保存した検索条件の新着
フォロー中出品者の出品

▶「コメント」をオンにしておくことで、コメントが付いたときに通知が届くようになる。

すぐに回答できないときもまず返信する

コメント通知が来ても、外出していたり手元に現品がなかったりしてすぐに回答できないこともあります。そのようなときは、「コメントありがとうございます。今手元に現品がないため、帰宅次第確認してお返事します」などとひと言返信しておくだけでユーザーは安心します。

なお、慌てて回答しようとしてユーザーに不正確な回答をしてしまうと、あとからトラブルやクレームのもとになることもあります。また、値下げの要望などについても、自分が損をしないようにしっかり考えてから回答するようにしましょう。

日中は忙しいなどで返信に時間がかかってしまう人は、プロフィールに「いただいたコメントへはなるべく24時間以内に返信します」といったように、あらかじめ返信頻度を記載しておき、無理のない範囲で対応していきましょう。

MEMO 出品商品の情報を明記する

商品に対する質問のコメントが多い場合は、質問の傾向に鑑みて、ユーザーがどのような情報を求めているのかを推測しましょう。たとえば、購入時期や使用回数、詳細な商品の状態などをよく質問されるようであれば、事前に商品説明文に記載しておくと親切です。

メッセージは購入者・出品者のどちらから先に送る？

出品した商品が購入されたときに利用する「取引メッセージ」は、購入者と出品者の間でやり取りするためのメッセージ機能です。購入後の最初のメッセージは、どちらが先に送るべきなのでしょうか？

購入通知を受け取ったら出品者から送る

商品が購入されたあと、購入者または出品者のどちらが先にメッセージを送るのかについてはとくに決まりはありません。一部では、購入者が「購入させていただきました。よろしくお願いいたします」という挨拶を送る独自ルールが存在するようですが、必ずしも購入者からメッセージを送らなければならないわけではありません。

ただし、コメントや取引メッセージでのコミュニケーションは取引の評価に大きく影響します。互いに気持ちよく取引を終えるためにも、**出品者は相手からの挨拶の有無にかかわらず、購入通知を受け取ったらメッセージを送るようにしましょう。**顔が見えない取引のため、言葉だけで第一印象が決まってしまいます。相手からのメッセージを待つのではなく、自分から送ることを心がけることが大切です。

購入後に送るメッセージの例①

> このたびはご購入ありがとうございました。
> 準備ができ次第発送いたしますので、今しばらくお待ちください。
> 発送後にあらためてご連絡させていただきます。

購入者から先に連絡があった場合は、「メッセージありがとうございます」のひと言を添えるとよいでしょう。また、未入金の場合であれば、「入金の確認ができ次第発送いたします」などのように、状況に応じて内容をアレンジするのもおすすめです。

メッセージはほかの人から見える？

コメントとは異なり、購入後の取引メッセージは出品者と購入者の間で交わされるものなので、ほかのユーザーからは見えません。ただし、事務局には公開されているため、違反取引などがあった場合はペナルティを課せられることがあります。

取引中もコミュニケーションをしっかり取る

取引

購入後のメッセージのやり取りは必須ではありませんが、顔が見えないだけに、こまめなコミュニケーションは取引を円滑に進めるうえで重要です。購入者の不安を取り除くことにもつながります。

円滑な取引に欠かせないコミュニケーション

メルカリでの売買は、即購入できたりメルカリ便による発送で配送状況が確認できたりと、基本的にはコメントや取引メッセージでのやり取りがなくても完結できるようになっています。しかし、無言での取引が一般的かといえばそうではありません。アプリ上といえども、人と人との間で行われる取引である以上、最低限のコミュニケーションがあったほうが、取引を円滑に進めることができます。購入者からしてみれば、支払いも済んでいるのに出品者からまったく連絡がないのでは不安になってしまいます。

商品が購入されたら、出品者は「購入のお礼メッセージ」と「発送のお知らせ」を送ると、相手は安心して待つことができます。最初のメッセージでは、発送までの日数の目安や相手の都合を聞いてもよいかもしれません。

購入後に送るメッセージの例②

本日お品物を発送いたしました。○月○日にお届けの予定です。
お品物がお手元に届きましたら、「受取完了」の評価をいただけますと幸いです。
よろしくお願いいたします。

MEMO　メッセージがこない場合

出品者からメッセージを送っても、購入者から返事がこない場合もあります。取引するうえで必要最低限の挨拶はマナーですが、メッセージは任意のため、強要することはできません。万一返事がこなくても、購入されているのであれば発送するようにしましょう。

値下げ交渉時の対応方法

メルカリでは、値下げの可否に関するコメントが付くことがよくあります。値下げ交渉に応じるか断るかは出品者次第です。シチュエーション別の対応ポイントを見ていきましょう。

値下げ交渉に応じる場合の対応例

「商品に興味はあるけれど予算が足りない」「もう少し安くならないかな」といったときに、ユーザーが値下げの可否を尋ねるコメントを付けることがあります。フリマならではのやり取りともいえる値下げ交渉ですが、これはメルカリでも規約違反ではありません。ただし、対応するかどうかは出品者に任せられているため、難しい場合はその旨伝えることが大切です。

値下げ交渉は「値下げの可否を尋ねてくる場合」と「具体的な金額を提示してくる場合」の2パターンに大別できます。

相手が値下げの可否を尋ねてきた場合

1つめの「値下げの可否を尋ねてくる」パターンでは、具体的な金額が提示されていないため、どの程度値下げしたらよいのかがわかりません。しかし、「いくらぐらいの値引きをご希望ですか？」といったふんわりしたやり取りでは、時間の無駄になってしまいますし、大幅な値下げ額を提示された際に対応できなくなってしまう可能性があります。値下げに応じられる場合は、具体的にどの程度値下げできるかを出品者側から提示するとよいでしょう。

コメント例

○○様、コメントありがとうございます。
お気持ち程度ですが、300円でしたらお値引き可能です。ご検討ください。

あらかじめ上乗せした価格で出品する

出品者としては、値下げしてでも売りたい気持ちと、できるだけ高く売りたい気持ちで揺れ動くことがあります。そうしたときのために、最初に値下げ分を上乗せした価格で出品することも検討するとよいでしょう。

相手が具体的な金額を提示してきた場合

2つめの「具体的な金額を提示してくる」パターンでは、販売手数料や配送料などを差し引いても赤字にならないかどうかを確認しましょう。提示された金額で納得できればよいですが、難しい場合は以下のようにいくらであれば対応できるかを提案してみることをおすすめします。

コメント例

> ○○様、コメントありがとうございます。
> 2,000円は厳しいところですが、2,300円ではいかがでしょうか。

交渉が成立したら、決定した金額に変更しましょう。誠実な対応をしていれば、結果的に交渉が成立しなかったとしても気にすることはありません。自分の無理のない範囲で交渉に応じましょう。

値下げ交渉を断る場合の対応例

もともと送料込みのギリギリの値段で出品していたり、出品したばかりだったりするときなどは、値下げ交渉を断るようにしましょう。また、相手が非常識なほど大幅な値引きを要求してきた場合も、はっきりと値下げできないことを伝えてください。ただし、コメント欄はほかのユーザーからも見られるため、どのようなケースであっても、「無理です」「できません」と思いやりのない返事をするのではなく、冷静かつていねいに返すことを心がけましょう。

出品したばかりの商品の場合

> ○○様、コメントありがとうございます。
> こちらの商品は出品したばかりのため、現時点ではお値下げを考えておりません。またの機会によろしくお願いいたします。

値下げの余地がない商品の場合

> ○○様、コメントありがとうございます。
> こちらは送料込みの価格のため、これ以上のお値下げは難しいです。ご期待に沿うことができず申し訳ございません。またご縁がありましたらよろしくお願いいたします。

取り置きを依頼されたときの対応方法

購入者の中には、ほしい商品を見つけてもすぐに支払いができない場合に、「取り置き」を依頼してくることがあります。ここでは取り置きを依頼されたときの対応方法を解説します。

メルカリでの「取り置き」とは

メルカリでは商品の取り置きを依頼されることがあります。取り置きは「今すぐには購入できないけれど、後日購入したいのでそれまでキープしてほしい」ということで、ユーザー間で広まった独自ルールに基づく行為です。取り置きを依頼される理由としては、「支払い代金が手元にない」「あと数日で売上金が入るので待ってほしい」などユーザーによってさまざまです。取り置きすることで商品の購入がある程度確定されるため、出品者としては購入してもらえるよいチャンスではありますが、あくまでも口約束でしかありません。取り置きにしたものの期日が過ぎても購入してもらえないなどのトラブルは少なくないため、取り置きに応じるかどうかは自己責任で判断するようにしましょう。

具体的には、取り置きを依頼された商品を「○○様専用」として、ほかのユーザーが購入できないようにします。ただし、メルカリのしくみ上、「専用」としただけではほかのユーザーも購入できてしまうことから、一時的に高額設定にして、購入できるようになったら元の価格に戻す場合もあります。

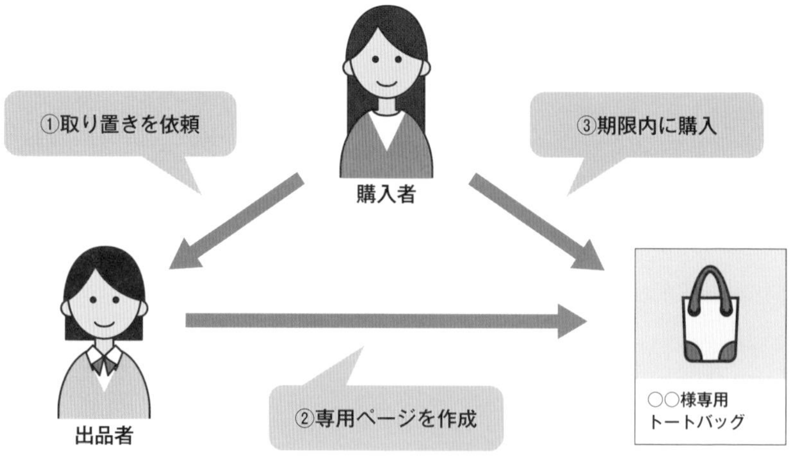

取り置きを依頼されたら期間を必ず設ける

「取り置き」や「専用出品」は違反行為ではありません。その一方で、トラブルに遭いやすいことからメルカリの公式では非推奨とされています。そのため、取り置きや専用出品にかかわるトラブルが起きても事務局では対応できません。それを踏まえたうえで取り置きを受けるのであれば、取り置き期間を必ず設けるようにしましょう。**目安としては1週間前後がベスト**です。具体的にいつ購入するのかをいわないユーザーも多いため、取り置き前に確認しておくことをおすすめします。期日を過ぎた場合は取り置きをキャンセルするなどの取り決めもしておくとよいでしょう。

コメント例

> ○○様、10月30日までのお取り置きで承知いたしました。「○○様専用」にてお取り置きさせていただきます。なお、期日を過ぎた場合はお取り置きを解除させていただきますので、ご理解いただけますよう、よろしくお願いいたします。

取り置きを断る場合の対応例

取り置きはキープする時間が長ければ長いほど売上を得る機会を失うことにもつながり、出品者にとってあまりよいことではありません。こうしたトラブルを避けるために、取り置きには応じないという選択肢もスムーズな取引を行ううえでのテクニックの1つです。気が進まない取り置き依頼を穏便に断わりたいときは、以下を参考にしてみるとよいでしょう。

メルカリの公式ルールを盾にする

> ○○様、コメントありがとうございます。
> 公式ルールに則って先着順に販売しています。ご都合のよろしいタイミングで再訪していただければ幸いです。

一般的な返信例

> ○○様、コメントありがとうございます。
> お取り置きについては承っておりません。ご希望に沿えず申し訳ありませんが、また機会がありましたら、よろしくお願いいたします。

対応できない要望があったときのスマートな断り方

要望

メルカリにはさまざまなユーザーがいるため、交渉中にこうしてほしいなどの申し出をしてくることがあります。対応できない要望があったときに使える角を立てない断り方の例を紹介します。

予期しない要望にも冷静な対応を

ユーザーからの要望でもっとも多いのは値引きに関するものでしょう。値引き交渉はメルカリの醍醐味でもありますが、安価な値付けで出品している場合や、商品自体が数百円の安価なものである場合は、出品時の価格以上の値引きには応じられないこともあります（Sec.080参照）。値引き交渉以外にも、商品を複数まとめて出品している場合にばら売りを求められたり、当日発送を頼まれたり、実際に商品を着用している画像を依頼されたりと、ユーザーからの要望はさまざまです。中には対応が難しい要望もあるかもしれません。そのようなときはどう応えるべきなのでしょうか。

出品者から見て非常識だと思うような要望でも、まずは冷静かつていねいな対応を心がけます。要望に応じられないときは、はっきりと伝えることが重要です。

ケース①：ばら売りを求められた場合

同じようなカテゴリの商品の場合は、まとめて出品することで送料を抑えられたり、梱包の手間をなくしたりすることができます。ユーザーからしてみても、ほしい商品をまとめて購入できる点はお得感を感じる要素の1つです。ほかにも、たとえばデジタルカメラの場合は、本体だけでなく、購入後にすぐに使えるように、充電器やUSB ケーブルなどの付属品をセットにして出品するのが基本です。

ところがセットで出品していても、「この商品だけほしい」という要望は少なからずあります。前述のデジタルカメラの場合であれば、充電器だけほしいといわれることもあるかもしれません。また、フィギュアなどの場合はセットのほうが価値があるものもあります。ばら売りでも問題ないようであればよいですが、セットでなければならない商品は、以下を参考に断りましょう。

コメント例

> こちらはご購入された方がすぐに使用できるように、セットのみでの販売とさせていただいております。ご希望に沿えず申し訳ありませんが、よろしくお願いいたします。

ケース②：当日発送を頼まれた場合

発送までの日数をきちんと記載しているにもかかわらず、発送を急かすようなメッセージが来ることも稀にあります。たとえば購入後に、「どうしても明日中に受け取りたいため今日中に発送してほしい」のような、当日発送を頼まれた場合は、以下を参考にしてメッセージを送りましょう。

コメント例

> ○○様、このたびはご購入ありがとうございました。
> 当日発送をご希望とのことですが、現在職場にいるため帰宅が夜になります。お急ぎのところ申し訳ありませんが、発送は明日以降とさせていただきたいと思います。

なお、あらかじめプロフィールや商品説明文に、「お急ぎの場合は購入前に必ずご確認ください」のように、ひと言添えておくのも効果的です。

ケース③：着画画像を依頼された場合

衣類の場合は、実際に手元にある写真を掲載していても、商品単体の画像だけでは丈や袖の長さなど、着用したときの雰囲気が伝わりにくいことから、実際に着用している画像を載せてほしいという要望が少なくありません。しかし、中には着画を載せたくない人もいるでしょう。そのようなときははっきり断ってもよいですが、商品説明文でサイズや着心地などを明確に伝えておくことがポイントです。

コメント例

> ○○様、ご質問ありがとうございます。
> サイズが合わなくなったために出品したものなので、着画は撮れません。ご希望に沿えず申し訳ありませんが、説明文に実寸サイズを記載していますので、ご参考にしていただければ幸いです。

MEMO　迷惑なコメントにはどう対処する？

丁重に断っても執拗に値下げや取り置きを要求されて困ったときは、事務局に連絡したり、対象のユーザーをブロックしたりする選択肢もあります（Sec.131参照）。そのユーザーだけに構っていても時間や労力が無駄になるだけです。ブロック後は不快なコメントを削除してもよいでしょう。

取引

取引のルールや注意事項は明記しておく

取引を続けていると、自分の販売スタイルが見えてきます。返信や発送までにかかる時間、取り置きや専用出品への対応など、購入者にあらかじめ伝えておきたいことは明記しておくようにしましょう。

ルールをあらかじめ明記しておく

購入者とのやり取りはフリマアプリならではの楽しみですが、多くの商品を出品してメルカリがライフワークになっている人もいれば、スキマ時間に出品してお小遣い稼ぎをしている人など、メルカリとのかかわり方は人それぞれです。取引の数をこなしてくると、毎回同じ質問に答えるのが面倒と感じる人もいるかもしれません。

スムーズな取引を行うためにも、取引時のルールや注意事項がある場合は、あらかじめ明記しておくようにしましょう。掲載場所としては、プロフィールと商品説明文が挙げられますが、コメントへの返信頻度や発送までにかかる時間の目安など、**取引全体に関する情報はプロフィール**に、梱包方法や値下げ対応の可否など、**その出品商品ごとに必要な情報は商品説明文**にそれぞれ記載するとよいでしょう。

プロフィールに記載する項目例

メルカリユーザーの中には、「プロフィール必読」と書いているユーザーがいますが、プロフィールは自己紹介の場であり、いきなりマイルールや注意事項を主張するのはよい印象を与えません。まずは自分自身の紹介やライフスタイルなどを簡潔に記載しましょう。たとえば、「都内に勤務する会社員です。日中は仕事のため、コメントの返信は夜になることが多いです」「2歳と5歳の子どもがいます。子ども用品の出品&購入が多めです」といったような、取引全体に関する情報を書いておきます。そのうえで、「取引に関する注意事項をまとめているのでお読みください」といった具合に誘導してあげるのが効果的です。

MEMO 細かく書きすぎるのは要注意！

トラブル防止のために、「値下げ交渉禁止」「コメント逃げ禁止」などのマイルールや注意事項を長々と細かく記載しているユーザーもいますが、あまりにも多く書かれていると、「神経質だからやめておこう」と思われてしまう可能性があります。マイルールの押し付けにならないよう、適度な長さに収まる程度に書くことをおすすめします。

取引時のルールや注意事項がある場合は、自己紹介とは別に記載します。わかりやすく簡潔に書くことで注意喚起しましょう。

発送・梱包

発送までにかかる日数の目安を記載します。梱包資材や配送方法などが決まっている場合には、その点も明記しておくようにします。

値下げ・取り置きの対応

値下げや取り置き依頼に対応するかしないかを記載しておきます。商品によって可能な場合はその旨明記しておきます。

喫煙者やペットの有無

喫煙者がいるか、ペットを飼っているかを気にする人は意外と多く、中には神経質な人もいます。自分や家族が喫煙者だったり、ペットを飼っていたりするときは、トラブルにならないように保管場所などを記載しておくと安心です。たとえば、「臭いが付かないように保管していますが、家族の中に喫煙者がいます」「犬を飼っているため、アレルギーが気になる場合はご遠慮ください」などです。

商品説明文に記載する項目例

商品説明文には商品そのものの詳細な説明のほか、梱包方法なども記載しておくと親切です。また、商品ごとに値下げ交渉が可能な場合は、値下げ交渉に応じるか否かも記載しておくとよいでしょう。

商品についての詳細(必須)

商品のコンディションやサイズなどの詳細な情報、使用回数・期間、傷や汚れ、保管環境など、あとあと問題になりそうな情報は細かく記載しておきます。また、写真と実物の色が違うというトラブルは多いため、「光の加減や機種によって少し色が異なる」ことを伝えておくと安心です。

梱包方法

購入時の箱に梱包する、簡易梱包する、リサイクルの箱に梱包するなど、予定している梱包方法を記載しておきます。

独自ルール

NG事項はあまり増やしすぎない

プロフィールに制限が多いと、購入者は不安に思ってしまいます。取引上の注意事項を書くときは、いい回しを変えたり必要なことだけを簡潔に伝えたりすると印象がアップします。

ネガティブワードをポジティブワードに変える

注意点や禁止事項を列挙したプロフィールを見かけることがあります。たとえば、「即購入禁止！」や「購入前のコメント必須」、「購入意思がない「いいね！」は禁止」などさまざまなものが挙げられます。トラブルを未然に防ごうとするあまり、厳しいマイルールを設定してしまう気持ちはわかりますが、それを押し付けるのはよくありません。あまりにも決めごとが多いプロフィールは、「めんどくさそうな人」という印象を与えてしまいますし、取引の際にユーザーどうしのトラブルに発展するおそれがあります。実際に問題を起こすような人は、プロフィールの注意事項は読まないと思ったほうがよいでしょう。

円滑に取引を進めるためには、NG事項を増やしすぎないことが重要です。また、読んでくれる人の不安を誘うようなネガティブワードではなく、肯定的な表現に変えて納得してもらうのも効果的です。いい回しを変える工夫をしてみたり、必要な事項だけを簡潔にまとめたりするなどしてみましょう。

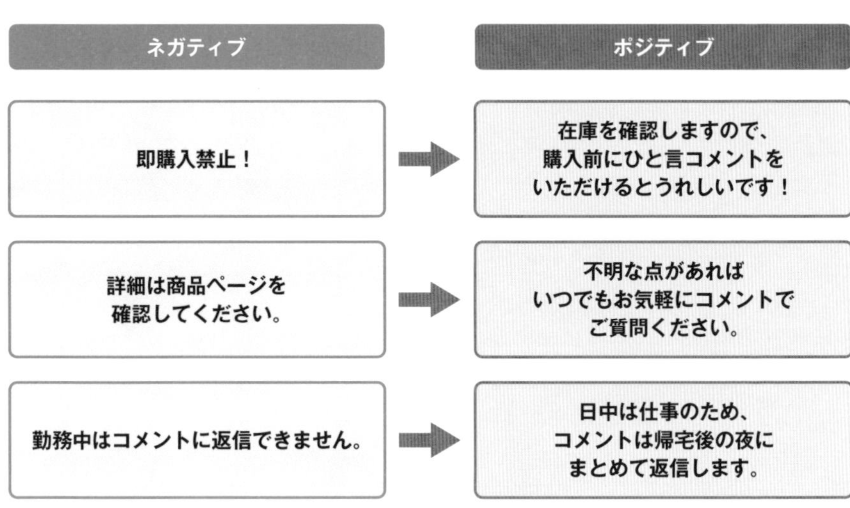

ネガティブ
ポジティブ
即購入禁止！
在庫を確認しますので、購入前にひと言コメントをいただけるとうれしいです！
詳細は商品ページを確認してください。
不明な点があればいつでもお気軽にコメントでご質問ください。
勤務中はコメントに返信できません。
日中は仕事のため、コメントは帰宅後の夜にまとめて返信します。

独自ルールには要注意

メルカリで使われている独自ルールは意外と多くあります。中でもよく見かけるのが、P.166で挙げたもののほかに、「プロフ必読」「値下げ交渉禁止」「いかなる理由でも返品不可」「ノークレーム・ノーリターン・ノーキャンセル」といったルールです。一見理にかなっているように思うかもしれませんが、これはメルカリが定めた公式ルールではありません。専用出品や取り置きと同様に、ユーザー間で慣例的に使用されている独自ルールなのです。具体的には、先に交渉中の人がいるにもかかわらずほかの人に購入されてしまう、いわゆる横取りを防止する意味での「即購入禁止」だったり、マイルールを守って購入してほしいという出品者のための「プロフ必読」であったりします。

事務局では、こうした独自ルールに関しては非推奨の立場を取っているものの、厳しく取り締まっているわけではありません。ある程度出品者が運営しやすいマイルールは黙認されていると考えてよいでしょう。ただし、出品者が定めた独自ルールを購入者が守らなかったことを理由に、取引を一方的にキャンセルすることはできません。そうした行為はペナルティの対象となります。また、独自ルールに起因するトラブルが起こった場合は、事務局では対応してくれません。

取引を円滑に進めるために、独自ルールを掲載することもあるでしょう。しかし、独自ルールの強要はトラブルを招く原因になるということも忘れてはいけません。

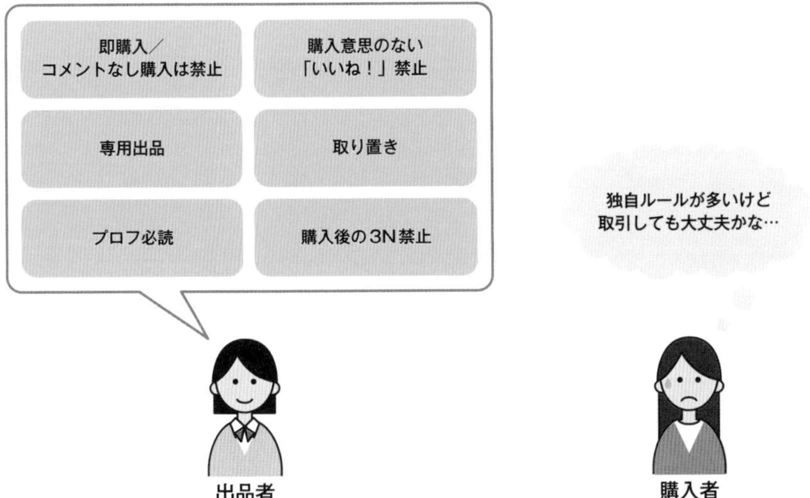

▲ 独自ルールが多いとかえって相手を不安にさせてしまう。購入意思があっても買ってもらえなくなる可能性があるので注意が必要だ。

商品ごとにあらかじめ梱包方法を書いておく

梱包

商品の梱包は非常に重要です。梱包方法が商品によって異なる場合は、どのような梱包で発送するのかをあらかじめ商品説明文に記載しておくことが望ましいでしょう。

商品に適した梱包方法にする

食器や小物、おもちゃなどの壊れやすい商品を発送する場合は、購入者の手元に届くまで破損することがないように、厳重に梱包する必要があります。そのため、場合によっては送料が安価な発送方法を使えないかもしれません。反対に、衣類の場合は圧縮して薄く梱包すれば、送料を安く抑えられます。

このように、商品ごとに梱包方法は異なります。メルカリでは出品時に「配送の方法」を指定しますが、具体的にどういう梱包をして送るのかをあらかじめ商品説明文に記載しておくと、購入者が想定していた梱包方法や送料との行き違いをなくすことができます。たとえば、セーターを簡易圧縮してネコポスで発送する場合、「簡易圧縮してネコポスで発送します」という記載がないと、商品を受け取った購入者は「セーターが圧縮して送られてくるとは思わなかった」と憤慨してしまうかもしれません。そうなると、受け取り評価に響く可能性も否めません。

商品説明文には梱包方法を記載しておき、購入者の希望があれば考慮するのが安全なスタンスといえます。

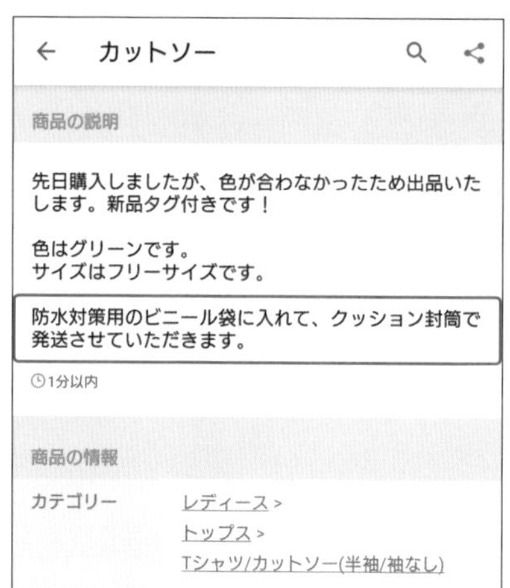

◀どのような梱包で発送するのかを明記しておくと親切。ユーザーも安心して取引ができる。

簡易梱包にもひと手間かける

梱包は意外と手間のかかる作業ですが、商品によっては簡易梱包で送れるものもあります。たとえば、書籍やCD／DVDなどは、クッション封筒で対応できるでしょう。冊子や小さめのポスターなど厚みがなく折れやすいものは、OPP袋（透明フィルムのようなもの）に入れて、厚紙やダンボールに挟んでからクッション封筒に入れると安心です。

おもちゃや小物など複数の商品を箱に入れて送る場合は、一つ一つ緩衝材（いわゆるプチプチなど）で包んだうえで、隙間に新聞紙や緩衝材を詰めて動かないように梱包していきます。また、香水や化粧品などの液体物を発送する場合は、万一の液漏れ対策も忘れずに施すようにしましょう。

このように、簡易梱包であれ商品によって配慮しなければならない点はさまざまです。自分が受け取ることを想定しながら梱包するようにしてください。

MEMO　商品説明文と同じ状態で梱包する

商品を発送する際は、商品写真や説明に記載した情報と相違がないように気を付けましょう。たとえば、もともと箱に入っていたものを発送時に箱から出して送ってしまうことなどが挙げられます。購入者は商品写真や説明を読んで購入しているため、出品時と同じ状態で梱包するようにしましょう。

商品はていねいに梱包する

発送した商品が購入者に届いたとき、おざなりな梱包では、たとえ中身がよかったとしてもがっかりしてしまいます。安心するようなていねいな梱包を心がけましょう。

コンパクトかつていねいに梱包する

売れた商品はただ送ればよいというわけではありません。せっかくよい状態で保管していても、配送中に傷付いたり破損したりしてしまってはトラブルの元になります。もちろん受け取り評価にも影響するでしょう。梱包の仕方で残念な評価を付けられるケースは意外と多いのです。

ていねいな梱包といっても、過剰に包装するのはよくありません。たとえば、小さな商品を大きな箱に入れて発送するケースです。商品自体は小さいため、配送中に動かないように緩衝材などを敷き詰める必要がありますが、購入者の元に届いたとき、それらは廃棄物でしかありません。商品を衝撃や傷、水濡れなどから保護するための配慮は忘れず、シンプルで清潔感のある梱包を心がけます。ベストな状態で購入者の元に届くように、細心の注意を払って梱包しましょう。

こんな梱包はNG

購入者ががっかりしてしまうのが、紙袋や茶封筒に直で商品が入った状態で届くパターンです。しわになりにくいTシャツでも、雨の日対策として、ビニール袋やOPP袋に入れるなどの梱包は必要です。また、気泡緩衝材（プチプチ）やレジ袋に包んだだけの状態で発送するのはもってのほかです。耐久性の問題に加えて、中身が丸見えになるため、セキュリティやプライバシーの観点からもやめましょう。

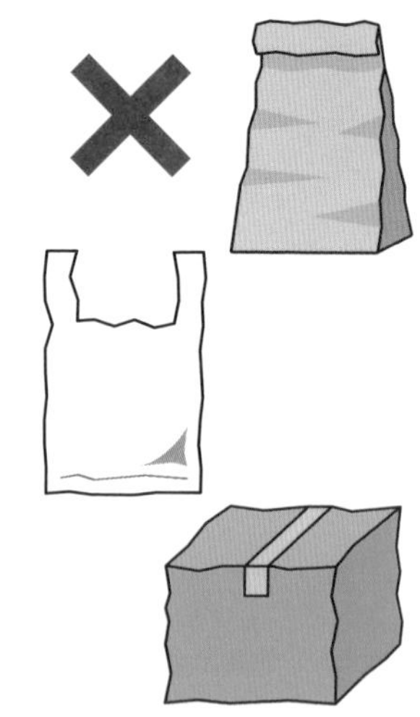

ダンボール箱や紙袋を使い回すのは問題ありませんが、あまりにもくたびれた箱や袋は、耐久性や衛生面で不安を感じてしまいます。自分が受け取ったらどう思うかを一度考えてから行動するようにしましょう。

メルカリ公式の梱包資材を活用する

梱包資材は、手元にあるものや100円ショップでそろえるのが一般的ですが、メルカリでもオリジナルの梱包資材を販売しています。メルカリ便で使えるダンボール箱のほか、中が見えないビニール袋やクッション封筒、緩衝材などさまざまな資材を購入できます。また、「メルカリ資材キット」として、汎用資材がセットになったお得なパッケージもあります。梱包に迷ったときは、メルカリ公式の梱包グッズを活用してみるとよいでしょう。「メルカリストア」のほか、全国のコンビニやイトーヨーカドーなどで購入可能です。

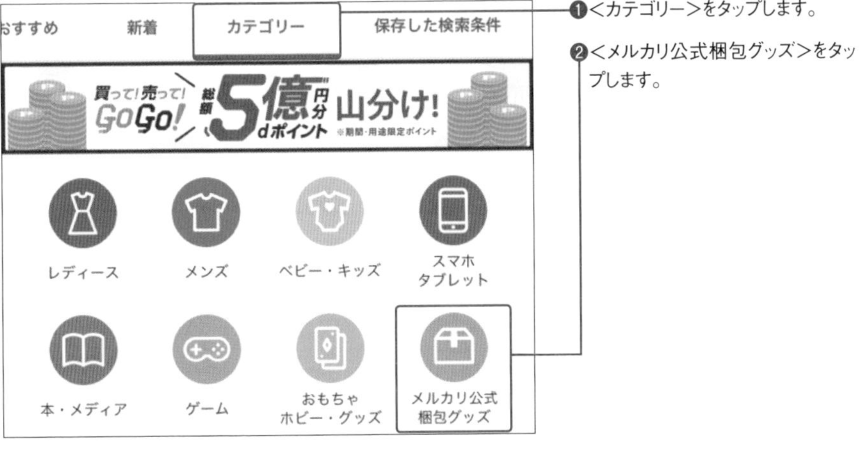

❶<カテゴリー>をタップします。

❷<メルカリ公式梱包グッズ>をタップします。

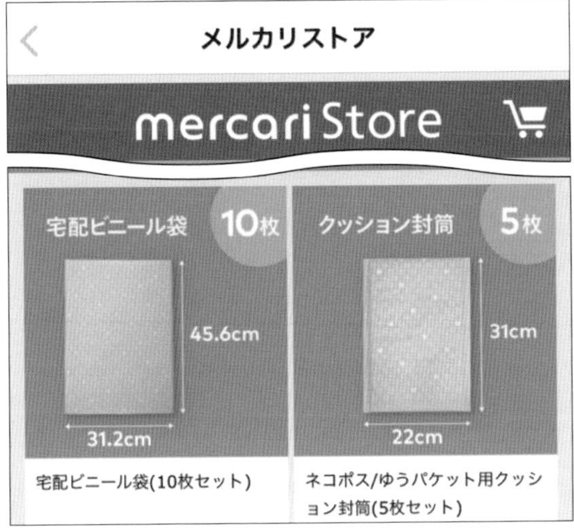

❸任意の梱包グッズをタップして購入しましょう。最大10個まで購入することができます。

梱包時にメッセージカードを付けると印象アップ

商品が届いたとき、メッセージカードがいっしょに入っていたら、ちょっとうれしい気持ちになります。商品を購入してくれた人にメッセージカードを付けると、印象がアップします。

取引の仕上げにメッセージカードを送る

メルカリで商品を購入すると、お礼の手紙やメッセージカードが同封されていることがあります。これは「サンキューカード」と呼ばれるもので、最近では商品に添える人も多くなってきています。自分が購入者の立場だったとき、思いがけずサンキューカードが入っていたら、「買ってよかった」と思うのではないでしょうか。メルカリは顔の見えない取引のため、何かひと言でも添えられているとうれしい気持ちになります。

もちろん、梱包がしっかりできていることが大前提ですが、シンプルでも気持ちのこもったメッセージカードは好印象につながります。スマートフォンやパソコンの画面とは違ったリアルなメッセージは、取引の後味をよくするだけでなく、次の購入につなげる架け橋にもなるでしょう。

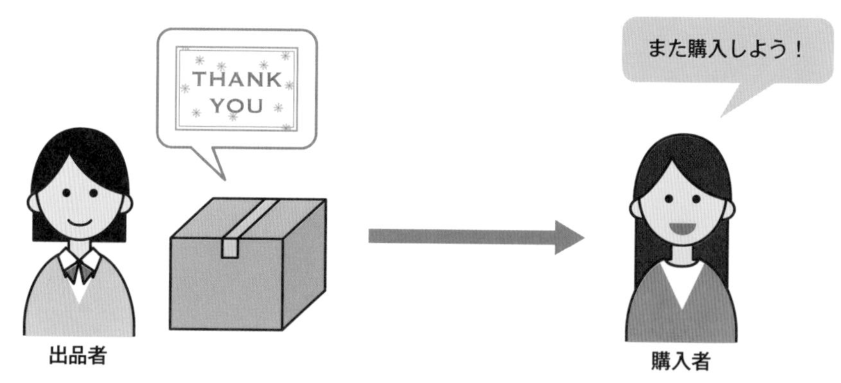

MEMO　メッセージカードは必須ではない

メッセージカードを添えると好印象ですが、必ず付けなければならないというわけではありません。あくまでも任意なので、自分の判断で行うとよいでしょう。

メッセージカードはどう書く？

メッセージカードは「ありがとう」の気持ちを伝えるものなので、便箋のような大それたものを用意する必要はありません。きれいなメモ用紙や大きめの付箋、小さめのカードなどにひと言添えるだけで構いません。100円ショップやネットでも販売されています。

手書きだと温かみがありますが、中には手書きが得意でない人もいるかもしれません。また、大量に出品している場合は、すべて手書きしているとそれだけで多くの時間を要してしまいます。手書きが難しいときは、パソコンやスマートフォンで作ったものを印刷して対応するのがおすすめです。ネットにはさまざまなテンプレートサイトがあり、デザインも豊富にそろっています。ダウンロード可能なものもあるので、ぜひ活用してみるとよいでしょう。また、メルカリにも数々のサンキューカードが出品されています。ハンドメイド品も多いため、ほかでは買えないようなオリジナルを購入することができます。

メッセージカードを書くときのポイントと注意点

メッセージカードはていねいな印象を与えますが、内容次第ではマイナス評価につながります。かえって印象を悪くしないために、以下を参考にしながら自分の気持ちを伝えるようにしましょう。

商品に貼り付けない

貼り付けるタイプのメッセージカードの場合は、商品に貼ってしまうと、はがすときに商品に傷や汚れが付くおそれがあります。台紙などを利用して、商品自体には貼り付けないようにしましょう。

簡潔にまとめる

長々と書いてしまうと重く感じ取られてしまいます。「このたびはご購入ありがとうございました。また機会がありましたらよろしくお願いいたします」のひと言だけでも十分気持ちは伝わるので、長くなりすぎないようシンプルにまとめることを心がけましょう。

なお、相手のプライベートにかかわることや、次の取引につなげようと連絡を強要するなどの行為はトラブルの原因になります。メッセージカードは感謝の気持ちを伝えるものなので、相手に失礼のないように書きましょう。

発送が遅くなる場合は事前に連絡する

商品情報に入力した発送までの日数を超えてしまうときは、購入者に速やかに連絡を入れるようにしましょう。具体的な日数を伝えておくと、相手の不安が和らぎます。

発送日の基準は？

発送までの日数は、出品時に商品説明文の「発送までの日数」で設定しておきます。メルカリには、「1~2日」「2~3日」「4~7日」の3種類から選べるようになっていますが、「1~2日」はほかの設定よりも平均40時間以上早く売れるとされています。

万一、設定した日数よりも発送が遅れてしまう場合は、速やかに購入者に連絡しましょう。購入者は、「少し高いけど早く発送してくれるから購入しよう」というように、発送までの日数を見て購入するケースが意外と多くあります。どのくらい遅れるのかおおよその目安も伝えておくと安心です。

メッセージの例

○○様、大変申し訳ございません。明日発送する予定で準備を進めておりましたが、急用が入ってしまい、発送が1日遅れてしまいそうです。恐れ入りますが、もうしばらくお待ちいただけますと幸いです。

発送が遅れると購入をキャンセルされることもある

発送日数を過ぎても商品が未発送の場合は、購入者は出品者の同意なしに「キャンセル申請フォーム」から購入をキャンセルできるようになります。ひと言メッセージを入れておくと相手の不安を和らげることはできますが、遅延が長くなる場合はキャンセルされても文句はいえません。出品数が多い人やスケジュールが不規則な人は、あらかじめ余裕を持った日数に設定しておくのが望ましいでしょう。

MEMO 旅行などで発送の対応ができないときは？

旅行や出張などで発送対応ができないときは、事前に出品を一時停止にします。販売を続けていると、購入されたときに発送できず、トラブルの原因となるので注意が必要です。

発送

発送後の連絡は迅速に行う

商品を発送したら、購入者に「発送通知」を行いましょう。あわせて、取引メッセージでも発送したことを伝えると親切です。連絡をこまめに取ることで安心して取引ができます。

発送が済んだら「発送通知」を忘れずに

商品の発送が完了したら、「発送通知」を行うことを忘れてはいけません。この操作をしないと未発送のままになり、購入者が商品を受け取っても受け取り評価に進めません。予定通りに発送しても、遅延とみなされて事務局から警告が届く場合もあるので注意しましょう。

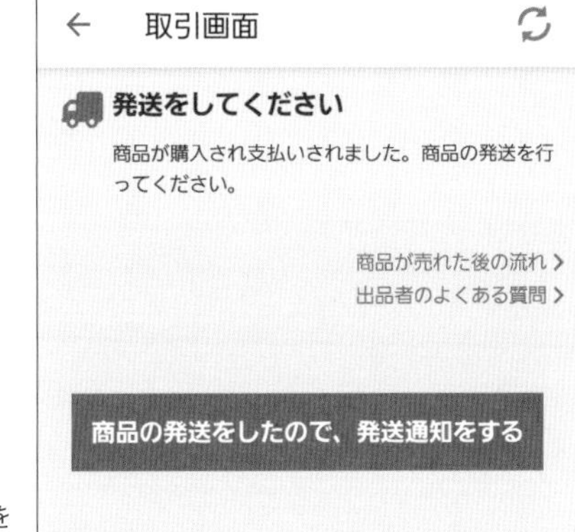

▶ <商品の発送をしたので、発送通知をする>をタップすると、発送されたことが購入者に伝わる。

取引メッセージにもひと言入れておく

発送通知を行ったら、取引メッセージで「商品を発送させていただきました。到着まで今しばらくお待ちください」などのように、発送したことを連絡してあげると親切です。取引メッセージは必ず送らなければならないものではありませんが、よりていねいな対応を目指すのであれば、通知とは別にメッセージを送るのがおすすめです。その際、発送した商品が追跡可能な場合は、追跡番号やお届け予定日などをいっしょに伝えてあげるとよいでしょう。

MEMO **発送通知が反映されない**

発送通知を行っても、すぐに発送済みにならず、購入者側にも通知が届かないことが稀にあります。主にゆうゆうメルカリ便で見られる現象で、1～2時間ほどのタイムラグが生じることがあるようです。

受取評価が遅くても むやみに催促しない

受取評価

商品の配達が完了しているにもかかわらず、購入者がなかなか受取評価をしてくれないケースがよくあります。ただし、むやみに催促するのはよくありません。ではどうしたらよいのでしょうか。

商品が届いているのに受取評価されない

発送してから数日経っても購入者から受取評価がないとき、何か不備があったのかと不安になってしまいます。メルカリ便や追跡可能な方法で発送している場合は、商品が到着しているかどうかを確認しましょう。荷物が到着しているにもかかわらず受取評価がない場合は、以下の理由が考えられます。

- 宅配ボックスに入ったまま
- 家族が受け取って本人がまだ確認できていない
- コンビニや郵便局受け取りを指定して、まだ荷物を取りに行っていない
- 届いた荷物に不備があった

いずれにしても、購入者からひと言連絡があれば安心ですが、何の連絡もないときは催促したほうがよいのでしょうか？

これまでやり取りしてきた中で、購入者からのレスポンスがよかった場合は、メッセージを送ってみてもよいかもしれません。露骨に催促するような内容ではなく、「商品が無事に届いているか」「何か不備がなかったか」といった内容が無難です。反対に、ほとんどメッセージでのやり取りがなかった場合は、催促せずに静観することをおすすめします。むやみに催促すると、「評価を急かされた」とトラブルに発展するおそれがあるので注意しましょう。

MEMO **催促のメッセージを送るときのポイント**

催促のメッセージを送るときは、「①まずは購入のお礼を入れる」「②商品の到着の有無を確認する」「③行動を促す」の3点を意識するとよいでしょう。たとえば、「このたびはご購入いただきありがとうございました（①）。商品は無事に届いておりますでしょうか（②）。ご確認いただけましたら、受取評価をお願いいたします（③）。」のようなイメージです。上から目線や強い口調で送るのは印象が悪く、評価にも影響してしまいます。相手を嫌な気持ちさせないよう、ていねいな文面で送るようにしましょう。

受取評価されないとどうなるの？

一定期間受取評価されない場合は、事務局から購入者に評価を促すリマインドメッセージが送信されます。それでも何の連絡もなかったり評価されなかったりするときは、意図的に評価を拒否しているケースも考えられます。購入者都合で評価しないというのは迷惑行為に該当し、ペナルティの対象となるので、そのようなときは事務局に連絡してみるのも1つの手です。

ただし、受取評価がされなかったとしても心配する必要はありません。メルカリでは、「発送通知をした9日後の13時」に自動で取引が完了するようになっています。また、取引画面に評価を依頼するための専用フォームが表示されている場合は、そこから事務局に連絡することが可能です。なお、10日以上経過しても自動で取引が完了しなかったり、フォームが表示されなかったりするときは、事務局に問い合わせてみましょう（Sec.136参照）。

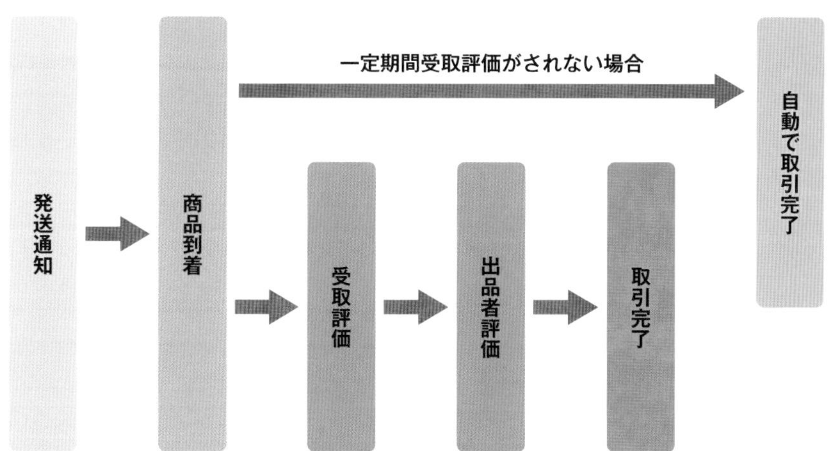

自動で取引が完了した場合

購入者から受取評価されない場合は、自動で取引が完了となった時点で出品者に売上金が反映されます。自動で取引が完了するケースでは、購入者・出品者ともに評価を付けることはできないため、出品者が損をするようなことはありません。うかつに催促したことで相手の機嫌を損ね、トラブルになったり悪い評価を付けられたりするリスクを考えると、しばらく待ってから取引を自動で完了するほうが賢い選択といえるでしょう。

低評価

低評価が付いた場合はどうする？

ていねいな対応を心がけていても、低評価が付く場合もあります。評価はほかのユーザーからも見られるため、低評価が付けられたときは、プロフィールにその理由を簡潔に書いておくこともできます。

評価の取り消し・変更はできない

メルカリで取引するとき、相手のプロフィールの評価は判断材料の1つになります。そのため本章では、高評価を獲得するためのスムーズな取引テクニックを紹介してきました。しかし、どれほどていねいな対応を心がけていても、残念な評価が付いてしまうことはあります。取引件数が多いほどその傾向にあるといえるかもしれません。

受取評価はあとから変更したり削除したりすることができません。思いやりをもってていねいに接していたにもかかわらず低評価を付けられてしまったら、最初は落ち込むかもしれませんが、気持ちを切り替えることが大切です。仮に自分に落ち度があったのであれば、よくない部分を次からあらためていけばよいのです。1つや2つの「残念だった」よりも、100の「良かった」のほうがずっと価値ある評価と考えましょう。

なお、プロフィールに低評価の理由を記載しているユーザーもいますが、この対処は任意です。長々と事情を書き連ねてしまうといい訳がましくなってしまい、あまりよい印象を与えません。もしも記載する場合には、反論するのではなく、簡潔な反省文程度に留めておくようにしましょう。

理由の記載例

残念な評価が付いておりますが、私にも至らない点がありました。気持ちよいお取引ができるよう、今後は気を付けたいと思います。

誤った評価を付けられた場合

事務局では受取評価の変更や削除には対応していませんが、誤って評価を付けられてしまった場合は、双方の合意により評価を変更できることがあります。まずは当事者どうしで話し合いのうえ、事務局に問い合わせてみるとよいでしょう。

さらに稼ぎたい人のための商品仕入れテクニック

これまで、メルカリでの売買の基本を始め、商品撮影や出品、取引のテクニックを紹介してきました。本章では、さらに利益につなげるための、ワンランク上のテクニックを紹介していきます。メルカリに慣れてきたら、商品を仕入れて売買してみましょう。

メルカリで「転売」は許可されているの?

転売

メルカリで商品を転売することは違法ではありませんが、営利を目的とした転売は禁止されています。ここでは転売のポイントを押さえておきましょう。

常識の範囲内であれば転売OK

メルカリにおける転売とは、メルカリを始めとしたそのほかのフリマサービスやネットショップなどから仕入れた商品をメルカリで販売することです。転売自体は違法ではありませんが、メルカリの利用規約には、「メルカリ事務局で不適切と判断される行為」として、「転売等の営利を目的としてメルカリで商品を購入し、著しく高い金額で売ること」を挙げています。つまり、儲けることを目的に販売価格を上げて転売する「高額転売」は不適切な行為とみなされています。**値付けは出品者に委ねられているため、モラルを守り、「適切な範囲」で行うようにしましょう。**

また、メルカリで出品が禁止されている商品を転売することもできません。たとえば、スポーツの試合や演劇の公演、コンサートなどのチケット類の転売は、メルカリの規約だけでなく、「チケット不正転売禁止法」(特定興行入場券の不正転売の禁止等による興行入場券の適正な流通の確保に関する法律)という法律で禁止されています。販売価格を1円でも超える金額で転売した場合は犯罪となってしまうため、十分に気を付けなければなりません。

そのほかにも、法律で禁止されている商品や盗品、18禁・アダルト関連の商品、商標権や著作権などの知的財産権を侵害する商品などは出品自体が禁止されているため、転売することも違法です(Sec.004参照)。

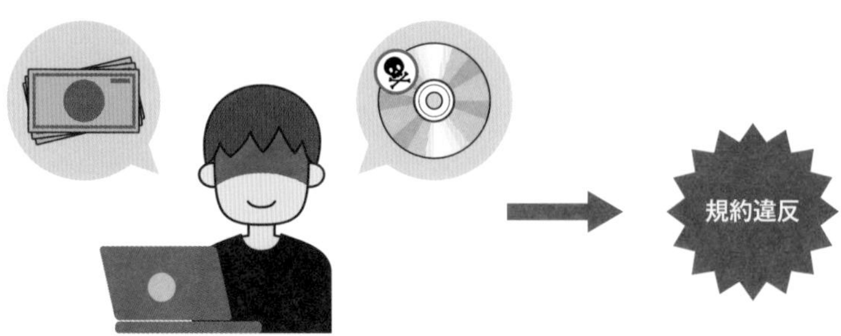

出品商品が検索上位に表示されなくなることも

短期間に同じ商品の再出品をくり返したり、似たようなカテゴリの商品を大量に複数出品したりすると、悪質な業者だとみなされ、タイムラインの新着順に掲載されなくなる可能性があります。**これは「圏外飛ばし」と呼ばれ、「出品はできるけれども、検索上位に表示されないために売れなくなる」といった事態をまねくおそれがあるのです。**メルカリが悪徳業者対策の罰則の1つとして設けたもので、最悪の場合は検索結果に表示されなくなることもあるようです。圏外飛ばしは商品ごとに行われることもありますが、該当アカウントから出品されるすべての商品が対象となるケースもあります。

メルカリ事務局では「圏外飛ばし」の期間を公表していません。数日間以内に解除される場合もあれば、数か月間かかったり無期限になったりする場合などもあり、さまざまです。「出品禁止の商品を転売していないか」「同じ商品を大量に出品していないか」「毎日10品以上の出品を行っていないか」「短期間の間に出品→削除→再出品をくり返していないか」などの状況を見て判断しています。

なお、アカウントが圏外飛ばしになったとしても、事務局から通知が届くわけではありません。**出品している商品が急に売れなくなったときは、自分の商品を検索したり、自分のアカウントのアクセス数を調べたりするなどして、圏外飛ばしになっていないかどうかを確かめてみるとよいでしょう。**

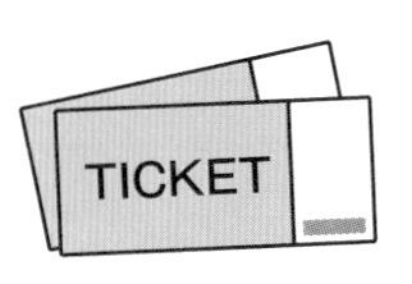

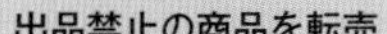
出品禁止の商品を転売

同じ商品を大量に出品

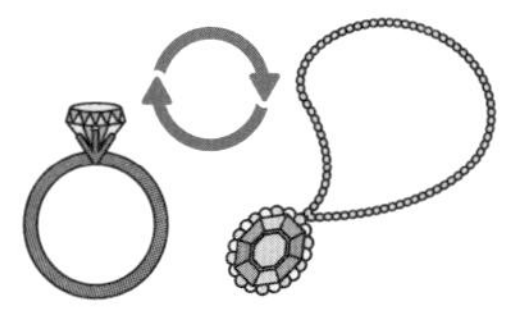
短期間で再出品をくり返す

アカウントは 1 人につき 1 つまで

複数のアカウントを作成して転売を行う人もいます。アカウントを複数持っていれば、商品数を増やして利益につなげることができますが、メルカリでは1人につき1アカウントしか取得することができません。複数のスマートフォンを持っている場合でも、複数のアカウントを取得することはメルカリの利用規約違反です。1人で複数のアカウントを取得していることが事務局にわかった場合は、売上金を没収されたり、メルカリを強制退会させられて無期限利用停止となったりするなど、相応のペナルティが課せられます。

仕入れ販売のメリットとデメリット

仕入れ

メルカリでさらに稼ぎたいときは、仕入れ販売にチャレンジしてみましょう。仕入れ販売が順調に進めば副業としての収入も得られます。ここでは仕入れ販売におけるメリット・デメリットを紹介します。

メルカリで仕入れ販売をするメリット

メルカリは基本的に個人の不用品やハンドメイド品を売買するためのフリマアプリですが、メルカリのルールさえ守っていれば、卸業者や販売店、ネットショップなどから商品を仕入れて出品することが可能です。仕入れ販売にはメリットとデメリットがあるため、両者を考慮したうえで仕入れ販売を始めるとよいでしょう。

副業として継続した収入が得られる

不用品を出品する場合は仕入れ費用はかかりませんが、自分の不用品がなくなってしまえばそこで売るものがなくなってしまいます。しかし仕入れ販売であれば、他サイトから商品を仕入れて販売できるため、売るものがなくなる心配はありません。順調に進めば、副業として継続した収入を得られるようになります。

固定費がかからない

Amazonなどで出品する場合（大口出品の場合）は毎月の固定費が発生しますが、メルカリは月額利用料がかからず、出品も無料で行えます。そのため、副業としてまだ利益が出ていない人でも気軽に始められます。

スマートフォン1つで始められる

メルカリはスマートフォン1台あれば、売れる商品をリサーチしたり商品を売買したりできます。そのため、会社に通いながらでもかんたんに仕入れ販売をスタートできます。忙しいサラリーマンでも始めやすい点は仕入れ販売の魅力の1つです。

フォロワーを獲得すれば売上アップにつながる

メルカリにはフォロー機能があります。フォロワーになってもらえれば、リピーターになってもらえる可能性も高まるでしょう。出品するたびにフォロワーに通知されるため、フォロワーを多く獲得することで売上アップが期待できます。

ユーザー数や取引件数が多く売れやすい

メルカリのユーザー数は2,216万人（2019年4月時点）、累計取引件数は5億件（2019年9月時点）を突破しています。膨大なユーザー数や取引件数を持っているため、人気商品であればすぐに売れてしまうこともあります。売れやすいジャンルの商品を仕入れれば（Sec.095参照）、商品が売れ残る心配も少なくなります。

メルカリで仕入れ販売をするデメリット

販売手数料10%＋配送料がかかる

メルカリでは売上金に対して10%の販売手数料がかかります。また、配送料を出品者負担としている場合は、商品発送の際に送料が発生します。販売手数料や配送料の金額を差し引いても利益が出るような金額で仕入れる必要があります。

手元にない商品は出品できない

手元にない商品の出品は禁止されています。これは「無在庫転売」と呼ばれており、商品が売れてから初めて仕入れるという方法で、メルカリを始めとした多くのプラットフォームで規約違反となっています。仕入れ販売をするときは、ある程度の仕入れ代金を手元に用意しておく必要があります。

商品を売るためのリサーチが必要

売れない商品を出品し続けていても不良在庫になるだけです。不良在庫を抱えないためにも、仕入れ販売をする際はメルカリで売れる商品を常にリサーチし、まずは少量の販売から始めるのがおすすめです。

古物商許可が必要な場合がある

新品の商品を仕入れて出品することは問題ありませんが、中古品の場合はそのまま出品すると違法となる場合があるので注意が必要です。中古品を出品する際は、「古物商許可」を得なければなりません。古物商許可は、転売を目的として中古品を仕入れる際に必要な許可で、許可を取らずに転売すると、3年以下の懲役または100万円以下の罰金、もしくはその両方が科せられる場合があります。

作業量が多くなる

「出品」「梱包」「発送」「メッセージのやり取り」など、メルカリでは多くの作業を自分でこなさなければなりません。商品が売れれば再出品する必要がありますし、より多くの利益を目指すのであれば、その分作業量が増えます。

仕入れ販売の流れ

仕入れ

仕入れ販売と聞いて、問屋に足を運んだり仕入れ値交渉したりするなど、面倒なことが必要だと考える人もいるかもしれません。しかし、メルカリでの仕入れ販売はすべてネット上で完結できます。

仕入れ販売の流れ

最初に仕入れ販売の流れを押さえておきましょう。

まずは売れそうな商品をリサーチしていきます。よい商品が見つかったら、売れ残りのリスクを防ぐために、仕入れる前にその商品が本当に売れるのか、いくら利益が出せるのかなどを確認しておくとよいでしょう。その後、仕入れ先を探して商品を仕入れ、メルカリに出品するといった流れです。

» 仕入れ販売の流れ

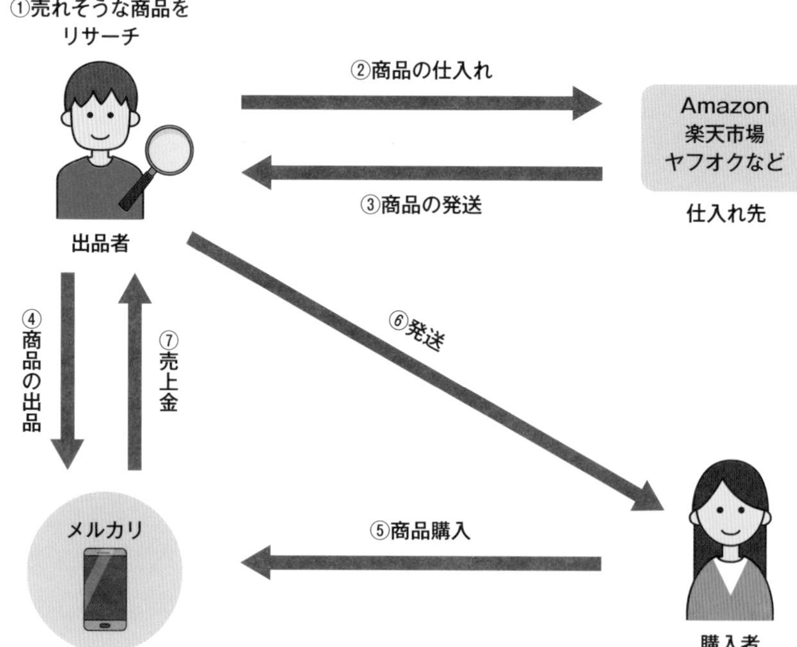

販売手数料と配送料を考えて仕入れる

メルカリで仕入れ販売をしようと考えたとき、もっとも重視したいことは、商品を仕入れてメルカリに出品したときに、ある程度の利益が出るかどうかです。売上金の10%は販売手数料としてメルカリ側に徴収されてしまうため、「メルカリで5,000円で売れる」という商品であれば、仕入れ価格は最低でも4,500円以上でなければ赤字になってしまいます。また、配送料は出品者負担のほうが売れやすい傾向にあるため、配送料も念頭に置いておく必要があります。

このように、**販売手数料と配送料を考慮したうえで仕入れなければ、結果的に赤字となってしまう可能性があります**。たとえ販売手数料と配送料を見越して仕入れを行ったとしても、利益が出るかどうかのギリギリの金額では仕入れ販売を行うメリットはありません。前述したように、仕入れ販売にはある程度の作業量が発生することを考えると、利益率10%は見ておくべきでしょう。そう考えると、5,000円で売れる商品であれば、仕入れ値は高くても4,000円以下には抑えたいところです。

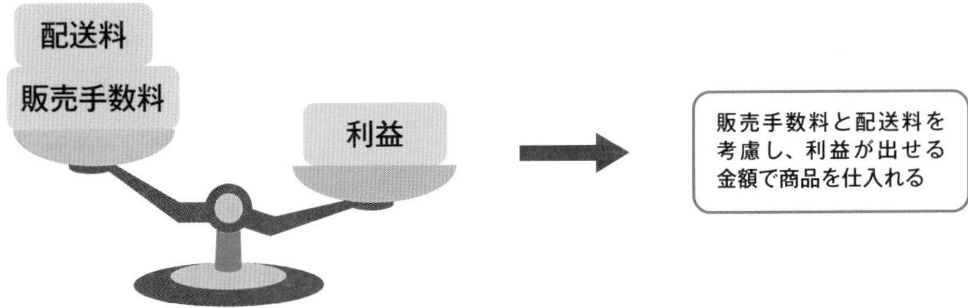
配送料
販売手数料
利益
販売手数料と配送料を
考慮し、利益が出せる
金額で商品を仕入れる

仕入れはネットショップやオークションサイトから

仕入れ値についての考え方を理解したら、実際に商品を仕入れる段階に入ります。仕入れといっても、実際にある問屋を歩いて回ったり、問屋と仕入れ値交渉したりする必要はなく、基本的にはすべてネット上で完結させることができます。

メルカリの仕入先としては、Amazonなどのネットショップや、ヤフオクなどのオークションサイト、海外のネットショップなどさまざまです。仕入れ先についてはSec.098で解説しています。もちろん実店舗から仕入れることも可能です。限定品やセール品など、その店舗でしか販売されていない商品であれば、実店舗からの仕入れでも利益を上げることができます。

仕入れ

メルカリで売れやすい商品ジャンル

どんな商品でも売れるわけではありません。不良在庫を抱えないためにも、事前にメルカリの売れ筋商品や商品ジャンルを調べておきましょう。

トレンド調査で売れやすい商品ジャンルを知る

メルカリには、よく売れる商品ジャンルとそれほど売れない商品ジャンルが存在します。継続的に利益を出すためには、売れやすい商品ジャンルを仕入れなければなりません。それを知るために、メルカリでときどき実施されている**「トレンド調査」**や**「トレンドワード」**を参考にするとよいでしょう。

トレンド調査では、出品後3日以内に売れた商品カテゴリーランキングや、もっとも取引件数が多いブランドなどが紹介されています。最新データでは、1位が「キャラクター関連グッズ」、2位が「アイドル・ミュージシャン関連グッズ」、3位が「ニット／トップス（レディース）」となっています（2018年時点）。人気を集めやすい商品はだいたい決まっているため、今でもさほど大きくは変わっていません。

また、メルカリで検索されたワードを調査した「トレンドワード」も参考になります。2019年における結果は以下のようになっています。

順位	検索ワード
1位	Galaxy S10（スマートフォン）
2位	チョコエッグ コナン（食玩）
3位	ガールズガールズ（アイドル）
4位	ドラゴンクエスト ビルダーズ2（ゲーム）
5位	ゼスプリ フィギュア（おもちゃ）
6位	白エビビーバー（スナック菓子）
7位	しまむら バッグ（ファッション）
8位	スマブラ Switch（ゲーム）
9位	ねこじゃすり（猫用ブラシ）
10位	セブン - イレブン ポテト（スナック菓子）

▲メルカリ内で2019年1月1日～11月11日までに検索されたワードが対象。売れやすい商品ジャンルを知ることで、後の売上アップにつなげることができる。

売れる商品ジャンルは時間帯やシーズンによっても変わる

メルカリは出品する時期や時間帯によって売れやすい商品ジャンルが変わります。

メルカリには、1年間の中で特定のジャンルの需要が高まるシーズンがあります。需要が高まる月の1か月くらい前には関連した商品が売れやすくなります。

- **入学・引っ越し** ……………家具やインテリアなどの商品
- **新生活** ………………………キッチン用品や家電などの商品
- **夏のボーナス** ………………ブランド品など価格が高い商品
- **夏のレジャー** ………………水着やキャンプ用品などの商品
- **10月31日のハロウィン** …仮装用の服などの商品
- **年末** …………………………クリスマス関連の商品

また、出品時間によって、適したターゲットも異なってきます。

会社員やOLなど社会人向けの商品	スマートフォンを見るスキマ時間を作りやすい時間	・朝の通勤時間帯 ・ランチ休憩の時間帯 ・帰宅する時間帯
主婦向けの商品や子ども向けの商品	家事がひと段落した時間	午前中から夕方くらいまでの時間帯
大人の趣味の商品	夕食が終わって寝るまでのくつろいだ時間	20時以降から深夜までの時間帯

MEMO　売れ筋ランキングはリアルタイムで見れる

メルカリアプリで「売れ筋ランキング」をリアルタイムに見ることもできます。「ホーム」画面で上部の検索欄に「売れ筋ランキング」と入力するだけです。売れ筋ランキングは商品カテゴリを絞って表示できるほか、おすすめ順やいいね！順に並べ替えることも可能なので、メルカリアプリも有効活用してみるとよいでしょう。売り切れた商品はメルカリユーザーの需要が高い商品といえるため、仕入れの参考にしてみてください。

自分が得意なジャンルで仕入れ商品を探す

仕入れ販売を行う際は、まずは自分の得意ジャンルから探すことをおすすめします。得意ジャンルであれば、販売商品の相場感も持っているので、仕入れもしやすいでしょう。

仕入れジャンルは利益率の高さだけに惑わされない

仕入れ販売を行うときに、「売れやすい商品だから」「利益率が高い商品だから」といって、自分の得意でないジャンルや興味のないジャンルの商品を闇雲に仕入れていても、長続きはせずうまくいきません。

たとえば、メルカリではゲームソフトは売れやすく利益率も高い商品ですが、自分がゲームをやらないのにゲームソフトに手を付けてしまうと、ゲームの相場感がわかりません。「レアなゲームソフトだからメルカリに出品すればある程度の価格でもすぐ売れる」といったことも、ゲーム好きでなければできないことでしょう。また、子ども服も売れやすい商品です。子どもがいれば、「今の売れ筋の子ども服は何か」ということもすぐにわかるはずです。

仕入れ販売を行うときは、まずは自分が得意なジャンルや好きなジャンルに絞ることをおすすめします。そうすればその商品の価値や仕入れ値などを把握しやすくなりますし、新商品が出たときでもいち早く情報をつかむことができます。

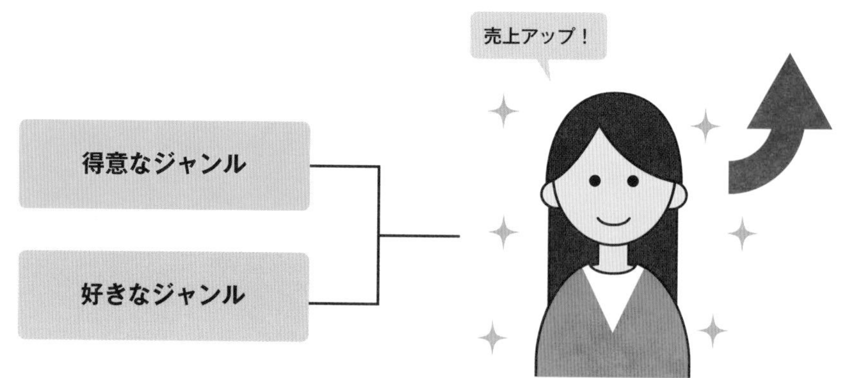

▲ 得意なジャンルや好きなジャンルで仕入れることが成功への近道。

売れ筋ランキングを見て仕入れ商品を決める

ただし、自分が得意なジャンルであっても、メルカリでは人気がなくあまり売れない商品もあります。売れない商品を選んでいてはいつまで経っても成果が出ず、継続的な利益も見込めません。

そこで活用したいのが、メルカリの「売れ筋ランキング」です（P.187MEMO参照）。売れ筋ランキングを検索するときに、自分の得意なジャンルに絞って検索するとよいでしょう。

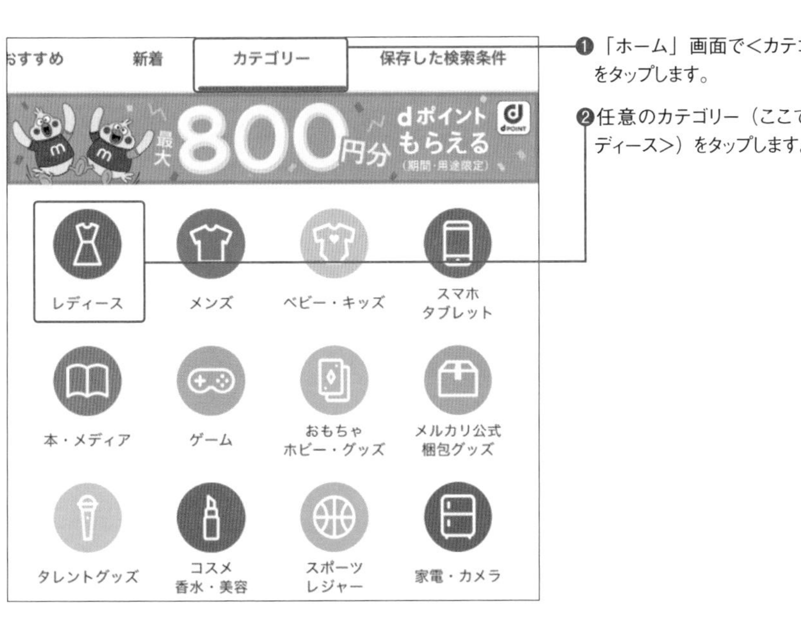

❶「ホーム」画面で<カテゴリー>をタップします。

❷任意のカテゴリー（ここでは<レディース>）をタップします。

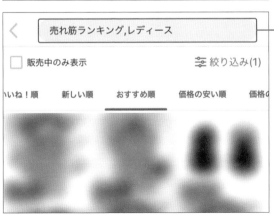

❸検索欄に「売り筋ランキング」と入力して検索すると、レディースの中で売れ筋の商品が表示されます。「絞り込み」で売り切れの商品に絞って検索するなどして、仕入れの参考にしてみるとよいでしょう。

ほかの通販サイトから流行の商品を探す

メルカリ内だけでなく、ほかの通販サイトも調べてみましょう。メルカリではそれほど売れていなくても、ほかの通販サイトで売れている商品であれば売上につながる可能性があります。

他サイトの売れ筋商品を参考にする

メルカリ以外のほかの通販サイトから売れ筋商品を探すのも効果的です。多くの通販サイトにはランキングが設けられており、新着ランキングや人気ランキング、売れ筋ランキングなどさまざまなランキング形式に分かれています。各通販サイトのランキングなどを参考にして、流行の商品のヒントをつかんでみましょう。上位にある商品ほど需要が高い商品といえます。ここでは、代表的な3つの通販サイトを紹介します。

Amazon

Amazonの売れ筋ランキングはジャンルごとに確認することができます。たとえば以下の場合は、カテゴリを「ゲーム」としたときの売れ筋ランキングです。ランキングは1時間ごとに更新されるため、今売れている商品のトレンドをすばやく把握することができます。

売れ筋のほかにも、「新着」や「人気度」などのランキングがありますが、とくにチェックしておきたいのは人気度ランキングです。各ジャンルごとに、過去24時間でもっとも売上が伸びた商品が見られるため、人気商品をいち早く確認することができます。リサーチの一手段として活用してみるとよいでしょう。

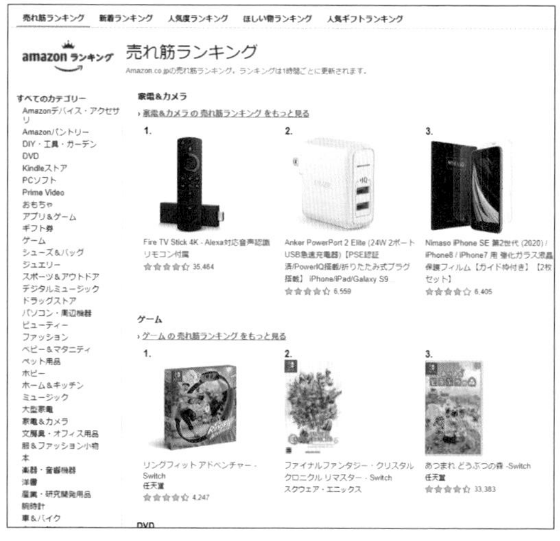

▲ https://www.amazon.co.jp/ranking

楽天市場

楽天市場のランキングは、カテゴリごとのランキングはもちろん、性別や年齢別、期間別などさまざまな対象に絞って検索することができます。とくに期間別ランキングでは、リアルタイムやデイリー、週間、月間などさらに細かく分かれています。各商品ページではユーザーのレビューも読むことができるため、仕入れの参考にもできるでしょう。

◀ https://ranking.rakuten.co.jp/

ヤフオク！

通販サイト以外にも、今流行している商品を探すことができます。それがオークションサイトの「ヤフオク！」です。検索欄に「売れ筋ランキング」と入力して検索すれば、ランキングを見ることができます。

ヤフオク！とメルカリは似ているところがあります。両者ともにオークションサイトに分類されることがありますが、違う点としては、ヤフオク！では出品アカウント（Yahoo! JAPAN ID）を複数持っていても規約違反ではないということです。また、1アカウントにつき3,000件まで出品可能です。商品ジャンルによっては個人が不用品を出品するというよりも、業者の出品が多くなっています。

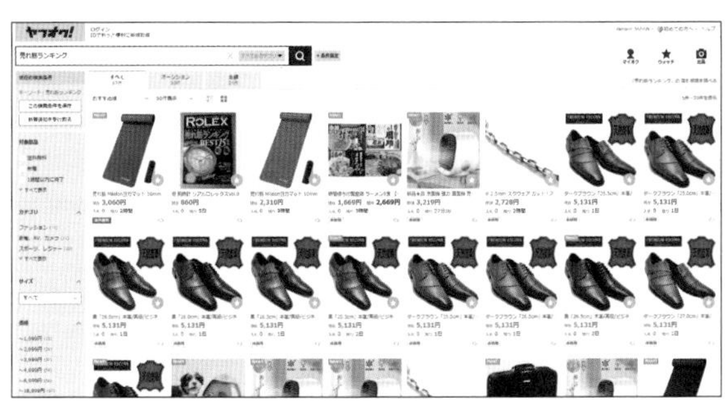

◀ https://auctions.yahoo.co.jp/

仕入れ先の探し方

仕入れ先

仕入先の仕入れ値によって自分の利益は変わってきます。メルカリで仕入れ販売を行うにあたっては、仕入先の探し方が重要です。ここでは仕入れ先の探し方を見ていきましょう。

仕入先はネットで探すのがおすすめ

ここではおすすめの仕入れ先を紹介しています。実店舗から仕入れることもできますが、Sec.097で紹介したAmazonや楽天市場、ヤフオク！などのネットショップを利用すれば、店舗に行かずとも仕入れられるため便利です。自分に合った仕入れ先を探してみましょう。

おすすめの仕入れ先

仕入れ先	特徴
Amazon	もっとも集客力がある。世界中のさまざまな商品が手に入るため、日本だけでなく、海外でしか販売されていない商品も多い
楽天市場	商品購入時に付与される楽天ポイントを活用したり、定期的に行われているセールを活かしたりすることで、安価に仕入れられる
ヤフオク！	国内最大級のオークションサイト。新品から中古品まで幅広く出品され、中には1円から購入できる商品もある
しまむら	有名ブランドやアニメ、アーティストなどとのコラボ商品を定期的に販売。中には即完売の商品もあり、高い利益が期待できる
西松屋	主にベビー用品や子ども用品を取り扱っている。ベビー用品は通年で重要があるため活用したい仕入れ先の1つ。年始にはセールが実施され、多くの商品が10%から半額になるなど、安く仕入れることができる
ZOZOTOWN	品揃えが豊富で品質もよい。人気ブランドも取り扱っている
NETSEA（ネッシー）	5,000社以上のメーカーから仕入れられる。老若男女問わず幅広いジャンルを取り扱っている
Qoo10	主にレディースのアパレル商品を取り扱っている。タイムセールも行っており、安価に仕入れることが可能
AliExpress	海外向けの通販サイト。日本語化されているため使いやすい。品揃えが豊富で価格も安く、高品質な商品を仕入れることができる

さまざまなメリットがある「楽天市場」

大手ショッピングサイトの楽天市場で売られている商品は、実店舗で売られている商品の価格と比べると安く、安心して仕入れることができるといえます。ただし、いくら安価とはいえ、メルカリに徴収される販売手数料10％分と配送料を考えると、ほとんど手元に利益が残らない価格になることも多くあります。

そこで利用したいのが、定期的に開催されている**「楽天スーパー SALE」**や**「お買い物マラソン」**です。３か月に1回程度開催されている楽天スーパー SALEでは、半額商品が大量に販売されるほか、タイムセールや割引クーポンも発行されるので、商品を通常よりも安く仕入れることができます。

お買い物マラソンは、多くの店舗で買い回りすればするほど、付与される楽天ポイントの倍率が上がるというものです。実際の購入金額が大幅に安くなるというわけではありませんが、付与された楽天ポイントは、楽天市場内で通常のお金と同様に使えるため、実質的に割引されたのと同じことになります。

さらに、楽天会員限定のポイントバックセール**「楽天スーパー DEAL」**をしばしば行っています。販売価格自体はそれほど安くないものの、指定された商品の20～50％以上が楽天ポイントとしてポイントバックされるセールです。つまり、楽天スーパー DEALを利用すれば、実質的に20～50％以上安く仕入れられるのです。

リサイクルショップなら大きな利益が狙える

最近では、リサイクルショップでも大手チェーンであればネットショップを持っています。リサイクルショップのネットショップを利用すれば、実店舗を回ることなく数多くのリサイクルショップを回ることができます。

リサイクルショップには、基本的に1点物の商品しかありません。そのため、ネットショップといえども継続的に商品を仕入れていくためには、常にリサーチを行って、商品知識を身に付けておく必要があります。

メルカリも仕入れ先の１つ

商品の仕入れ先としてもう1つ考えたいのがメルカリです。メルカリに出品する人の多くは、「自分の不用品を出品していくらかのお金になればよい」と考える人が多い傾向にあります。そのため、利益率のことを考えずに値付けをしている出品者も多く、相場よりも大幅に安く仕入れられる可能性があるのです。ただし、メルカリでの再出品を嫌がるユーザーもいるかもしれません。商品説明文に「不要になったためほかの方にお譲りします」と記載するなど、トラブルにならないような配慮は必要です。

仕入れ価格と販売価格を調べる

仕入れ販売でまずしなければならないのが「仕入れ価格」と「販売価格」を調べることです。その差が少なければ儲からないことになります。利益につながるよう適正な価格で販売する必要があります。

仕入れ商品の相場価格をリサーチする

安定して収入を得るためには、仕入れ商品の需要と価値を知ることから始めましょう。価格が低すぎれば利益につながらず、反対に高すぎても売れません。メルカリで売りたい商品が決まったら、商品を仕入れる前に販売相場をリサーチしておくことが大切です。少しでも安く仕入れることができれば、その分利益にもつながります。

仕入れ価格を決める際に重要となるのは、「過去にいくらで売れたのか」「現在どのくらいの価格で販売されているのか」ということです。たとえばメルカリであれば、商品を「売り切れ」に絞って検索します。売れ切れにすることで、その商品が本当に売れているかどうかを確かめることができます。商品の最高価格と平均価格を算出して、適正な価格を付けましょう。

相場から大きく外れてしまうと売れない可能性があるため、あらかじめリサーチしてから商品を仕入れることをおすすめします。

← 時計
販売中のみ表示　並べ替え　絞り込み
販売状況　指定しない

❶商品を検索し、＜絞り込み＞をタップします。

❷＜販売状況＞をタップします。

← 販売状況　クリア
すべて
販売中
売り切れ

❸＜売り切れ＞をタップしてチェックを付けたら、＜決定＞→＜完了＞の順にタップします。

ツールを使って相場価格を知る

ツールを使って販売価格の相場を調べる方法もあります。たとえば、通販サイトやオークションサイトの商品データを比較できる「オークファン」では、落札価格や平均価格をチェックできます。商品名を入力して検索すると、売れた値段が一覧で出てきます。

▶ https://aucfan.com/

配送料も考慮した価格設定にする

配送料も考えなければなりません。家具や家電などのサイズが大きい商品は配送料も高くなるため、利益が少なくなってしまわないためにも、その点に注意した価格設定にする必要があります。メルカリ内の絞り込み検索では、「配送料の負担」を「出品者負担」「購入者負担」のいずれかに絞って検索できるため、送料込みの場合の相場価格も確認してみるとよいでしょう。

このように、販売価格を決める際は、事前に入念にリサーチしておく必要があります。

Q バッグ
販売中のみ表示　並べ替え　絞り込み
除外キーワード　を含まない
カテゴリー　指定しない
ブランド　指定しない
サイズ　指定しない
色　指定しない
価格　Min ～ Max
商品の状態　指定しない
配送料の負担　指定しない
配送オプション　指定しない

▲ 商品を検索して<絞り込み>をタップすると、細かく指定して検索することができる。

MEMO　利益率計算サイト

利益率や販売価格を自動で計算してくれるサイトも登場しています。「仕入れ価格」「販売価格」「送料」「販売手数料」などを入力するだけで計算してくれるので、うまく活用してみるとよいでしょう。

仕入れはまず小ロットから試してみる

最初に大量ロットで仕入れてしまうと、不良在庫となってしまうおそれがあります。まずは試しに小ロットで購入し、成果が出てきたら少しずつ仕入れ数を増やしてみることをおすすめします。

小ロットかつ多品種の出品を心がける

まずは「小ロットかつ多品種」の出品を心がけましょう。必ず売れる商品だと考えて大量に仕入れたとしても、そこで予算をすべて使ってしまうと、ほかの商品を仕入れることができなくなってしまいます。初めは適切な個数の見極めがうまくいかない可能性があるため、売れる見込みが立ったら多めに仕入れるようにするのがポイントです。

また、単一の商品だけを取り扱っているよりも、品揃えが豊富なほうがほかの商品を見てもらえる可能性が高まります。出品数を増やすと、後の取引につながるかもしれません。

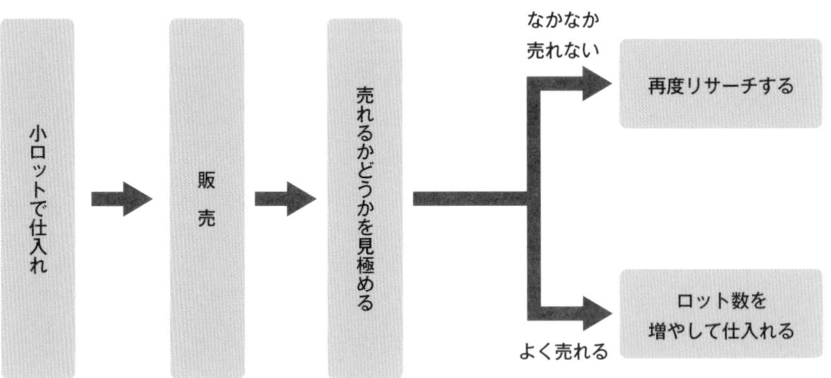

MEMO 大量ロットの仕入れで単価を抑える

大量ロットで仕入れられれば商品1つの単価を抑えることができますが、売れるかどうかがわからない段階では、小ロットでの仕入れがリスク回避になります。

仕入れた商品を出品する際の注意点

仕入れ

通常出品と同じように、仕入れた商品を出品する際も、商品写真と説明文が重要です。商品の状態は細かく書いたほうが落札率も高まり、高評価にもつなげやすくなります。

仕入れた商品も写真と説明文が重要

基本的には通常の商品と同様の流れで出品しますが（第2章参照）、仕入れた商品は価格設定が非常に重要です。ここでは仕入れた商品を出品する際の注意点を紹介しているので、出品の参考にしてみてください。

まずは検品する

仕入れた商品が届いたら、商品に問題がないかどうか検品することが大切です（Sec.105参照）。まったく別の商品が届くということはめったにありませんが、色やサイズが違うことは稀に起こります。また、海外から仕入れる場合は、配送中に破損してしまうケースもないとはいえません。信用を落とさないためにも、「注文した商品か」「色やサイズは合っているか」「傷や汚れはないか」などをきちんと確認したうえで出品するようにしましょう。

◀ 商品が届いたら、まずは実際に注文した商品と相違がないかどうかをしっかり確認することが大切。

手元に商品を用意してから出品する

出品時は手元に商品がなければなりません。商品が購入されてから仕入れを行う、いわゆる無在庫販売は禁止されています。商品が手元にあることを確認したうえで、出品の工程に入りましょう。

1枚目の写真にはこだわる

通常出品と同様に、仕入れ商品も1枚目の写真にはこだわりましょう。商品写真はWebサイトに載っているようなきれいな写真だけでなく、実物の写真も載せほうが効果的です（写真の転載についてはP.104を参照）。

仕入れた商品は、ついWebサイトなどの写真を無断で載せてしまいことも多いですが、実際に自分で撮った写真を載せることが大切です。信頼にもつながるので、極力自分で撮影するように心がけましょう。

全体を俯瞰した写真だけでなく、さまざまな角度から撮ったり、細かい部分を写したりすることも忘れてはいけません。実物を手に取れないユーザーにとって、商品写真は購入を左右する重要な要素です。ユーザーが安心して購入できるよう、できるだけ多くの写真を載せて、商品の魅力を伝えましょう。魅力的な写真であれば、ユーザーの目を引き、商品を見てもらえる確率も高まります。

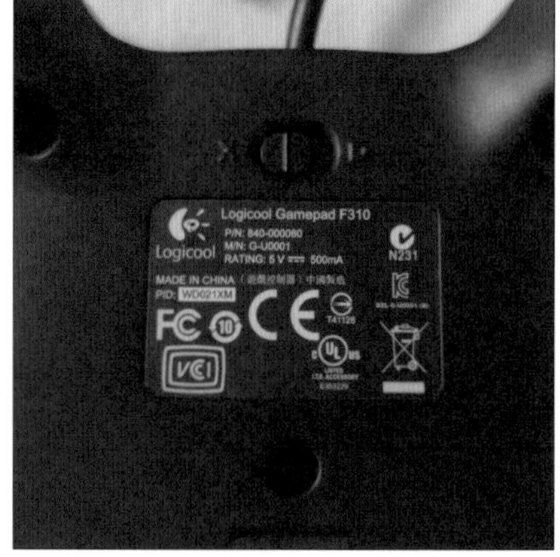

配送料を考慮した価格設定にする

配送料を出品者が負担することは、商品を売れやすくする秘訣の1つですが、配送料を考慮した価格設定にしなければ損になってしまいます。配送料で利益が圧迫されていては仕入れ販売の意味がありません。

商品はていねいに梱包する

出品した商品が購入されたときに向けて、エアー緩衝材（プチプチ）やビニール袋、封筒などの梱包材を用意しておくことも重要です。エアー緩衝材は配送時の傷対策となりますし、ビニール袋は雨濡れ対策として有効です。梱包状態が悪いと低評価につながる可能性もあるため、梱包もていねいに行いましょう。ちょっとした気遣いが評価にも影響してきます。

1～2週間経っても売れないときは再出品する

商品を出品したあとの注意点もあります。メルカリのタイムラインは常に更新されているため、出品してすぐであれば上位に表示されますが、長い間売れないとほかの商品に埋もれてしまいます。出品後1 ～ 2週間程度経っても商品が売れ残っている場合は、削除して再出品することをおすすめします。ただし、再出品を頻繁に行うと圏外飛ばしとなる可能性があるので注意しましょう。

また、短期間のうちに大量出品すると、スパム行為とみなされてアカウントが停止するおそれがあります。商品を多く仕入れている場合は、一度に出品するのではなく、少数ずつ出品するようにしましょう。

▲なかなか売れないときは、商品情報編集の画面で、<この商品を削除する>→<はい>の順にタップして商品を一度削除し、再出品するとよい。

MEMO 仕入れ商品はていねいに保管しておく

仕入れた商品は売れるまで自分の手元に残っているため、ていねいに保管しておくことが大切です。商品に傷を付けてしまうと不良品となって出品できなくなったり、クレームにつながったりするため注意しましょう。

利益を上げるには利益率と回転率を意識するのがコツ

利益率と回転率

仕入れ販売では利益率と回転率の両方を重視することがうまくいくコツです。どちらかに偏ってしまっても長続きしません。目先の利益率だけに目を奪われることなく、回転率も意識するようにしましょう。

利益率と回転率の関係

仕入れ販売をする際、最初は「利益率」の高い商品に目が奪われがちです。たとえば、10,000円で仕入れて20,000円で売れそうな商品であれば、メルカリの販売手数料10%と配送料を差し引いても、1個売れただけで7,500円以上（サイズが大きくない商品と考えたとき）の利益が手に入ることになります。しかし、その商品が数か月に1個しか売れなかった場合はどうでしょうか。いくら利益率が高いといっても、月々の収益で考えるとわずかにしかなりません。売れるのを待っている間にその商品の旬が過ぎて売り時を逃してしまうかもしれません。

利益率と同時に考えたいのが、一定の期間でどれだけ売れたのかを示す「回転率」です。たとえば、1,000円で仕入れて2,000円で売れそうな商品であれば、メルカリの販売手数料10%と配送料を差し引くと、1個売れたときの利益は500～600円程度（サイズが大きくない商品と考えたとき）です。しかし、出品したらすぐに売れるような人気商品の場合、2日に1個売れたとすると、1か月で7,500～9,000円程度の利益になります。つまり、**回転率が高ければ利益を出しやすいということであり、利益率が高い商品よりも月々の収益が高くなるのです。**

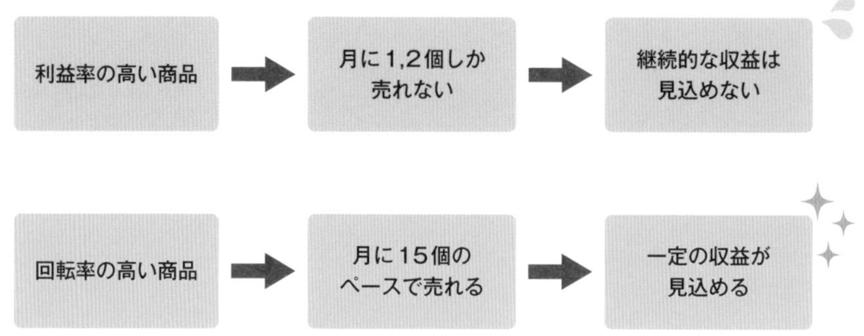

▲ 利益率だけで判断せず、商品の回転率も意識することが継続的に安定して利益を生み出すコツ。

利益率重視と回転率重視のメリット・デメリット

利益率と回転率の関係を理解したところで、それぞれを重視する場合のメリット・デメリットを見ていきましょう。

利益率重視のメリット

- 商品が1つでも売れれば大きな利益を得られる
- 仕入れ資金を十分に持っていれば、短期間で売上と利益を上げられる

利益率重視のデメリット

- 仕入れ額が高いため、万一売れなかった場合の損失が大きい
- 利益率が高い商品は家電や家具といったサイズが大きいものが多く、保管場所が必要

回転率重視のメリット

- 商品が売れるとすぐに現金が入ってくるため、その資金を次回の仕入れに充てることができる
- 安定して商品が売れるため資金計画も立てやすくなる

回転率重視のデメリット

- 商品数を多く揃える必要があるため、商品を集める手間がかかる
- 商品が増えて売れれば売れるほど、梱包作業や発送作業などの労力がかかる

回転率の高い商品をリサーチしておく

メルカリで回転率が高い商品として、ゲームソフトやコミック、コスメ、アイドル・ミュージシャン関連グッズ、キャラクター関連グッズなどが挙げられます。これらの商品はサイズも比較的小さいため、自宅で保管場所に困ることもなく、配送料も安くあげられるメリットがあります。中にはこうした商品が自分の得意ジャンルではないかもしれません。無理に扱う必要はありませんが、とくに問題がなければ取り扱いを検討してみるとよいでしょう。また、シーズンによって回転率が上がる季節商品もあります。季節商品は時期を外してしまうと回転率が下がってしまうため、あらかじめリサーチしてから仕入れることが大切です。

海外から商品を仕入れるには?

仕入れ販売に慣れてきたら、海外から仕入れることも考えてみましょう。国内販売との価格差が大きいものも多く、同じような商品でも高い利益を得ることができます。

海外からの商品仕入れのハードルは下がっている

国内での仕入れに慣れてきたら、海外からの仕入れも視野に入れるとよいでしょう。「ハードルが高そう」「語学力に自信がないから」と考えて、海外からの仕入れに尻込みする人もいるかもしれませんが、最近では仕入れを代行してくれる業者も増えてきました。海外サイトには日本にはない製品が販売されていたり、安価に仕入れたりできるなどのメリットがあるので、検討してみるとよいでしょう。

海外からの仕入れで重要なのが仕入れ先の選定です。お気に入りのブランドサイトから直接仕入れるのもよいですが、複数のブランドやショップが集まった総合ECモールがおすすめです。ここでは代表的な仕入れ先を紹介していきます。

eBay

アメリカに拠点を置く総合ECモールです。世界最多の利用者を持つネットオークションサイトとしても有名で、日本では珍しい商品も数多く取り揃えているので、メルカリに出品しても売れる要素を持っています。eBayで取引する際は、事前にPayPalに登録しておきましょう。支払いをしたのに商品が届かなかったり、届いた商品に問題があったりした場合に返金してもらえる「買い手保護プログラム」があるため、安心して利用できます。

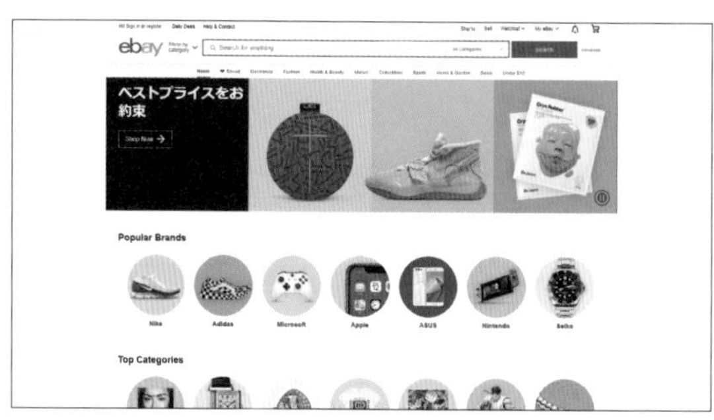

▲ https://www.ebay.com/

アリババ

中国最大級の総合ECモールです。工場直営店やメーカーそのものが出店していることが多く、ほかの海外ネットショップと比較してみても安く仕入れられることがほとんどです。

◀ https://japanese.alibaba.com/

Amazon.com

いわずと知れたAmazonの米国サイトです。日本のAmazonでも低価格で販売されていますが、仕入れ販売をするとなると、大きな利益を得ることはあまりできません。しかし、海外で販売されていて日本にはまだ入ってきていない商品を仕入れて販売すれば、大きな利益につながる可能性があります。

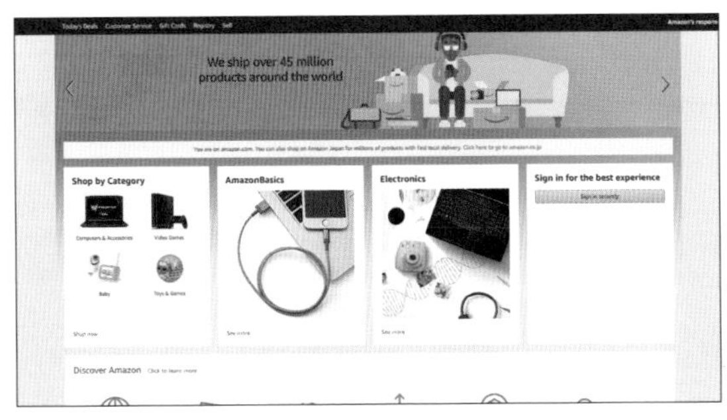

◀ https://www.amazon.com/

MEMO　海外からの仕入れは配送日数に気を付ける

海外から商品を仕入れる際に気を付けたいことは、日本に配送されるまでに日数を要することです。「発注しただけで商品がまだ手元へ届いていないのに出品する」行為は禁止されているため、必ず手元に届いてから出品するようにしましょう。

海外からの仕入れは関税や配送費用に注意

海外からの仕入れには関税や配送費用がかかります。メルカリの販売手数料10%も考えると、いくら商品の単価が安くてもお金がかかってしまうので注意が必要です。

仕入れる商品によって関税のパーセンテージが変わる

海外からの仕入れには、国内のネットショップやECモールから商品を仕入れるときと違って「関税」がかかります。関税は大きく「簡易税率」と「実行関税率」の2種類に分けられ、課税価格の合計が20万円以下の場合は「簡易税率」(貨物によっては簡易税率を適用できないものもあります)が、20万円以上の場合は「実行関税率」が適用されるようになっています。簡易税率は以下の7区分で構成されており、商品によってかかる税率が異なります。

なお、課税価格の合計が20万円を超えた場合は、一律で15%の税率がかかります。ただし、課税価格の合計が1万円以下の商品については、一部適用外となる品目はあるものの、基本的に関税は免除されます。

仕入れた商品の関税率がわからないときは、税関のホームページを見るなどして、事前に関税率を調べておくようにしましょう。

少額輸入貨物に対する簡易税率表

	品目	関税率
1	酒類 (1) ワイン (2) 焼酎等の蒸留酒 (3) 清酒、りんご酒など	(1) 70円/ℓ (2) 20円/ℓ (3) 30円/ℓ
2	トマトソース、氷菓、なめした毛皮(ドロップスキン)、毛皮製品など	20%
3	コーヒー、茶(紅茶除く)、なめした毛皮(ドロップスキン除く)など	15%
4	衣類および衣類附属品(メリヤス編みまたはクロセ編みのものを除く)など	10%
5	プラスチック製品、ガラス製品、卑金属(銅、アルミニウムなど)製品、家具など	3%
6	ゴム、紙、陶磁製品、鉄鋼製品、すず製品	無税
7	その他のもの	5%

個人輸入扱いだと商品代金の40%分が課税軽減される

海外からの仕入れを始めたばかりの人は、一般輸入（商業輸入）ではなく個人輸入として申告することができます。個人輸入にすると、関税の軽減措置として、商品代金の60%の金額しか課税されません。たとえば、10,000円の商品を海外から仕入れたしても、課税対象金額は6,000円です。課税価格が10,000円以下になるため課税もされません。ただし、何度も海外から商品を仕入れていると業者だと判断されて、一般輸入（商業輸入）扱いになってしまう点だけ注意しておきましょう。

海外仕入れの商品は配送費用が高くなる場合がある

関税と合わせて考えておきたいのが配送費用です。国内のネットショップやECモールでは、送料込みで発送されることが多いですが、海外から仕入れる場合は日本に届くまでの配送費用がかかります。仕入先の国や商品の重量、サイズなどによって金額は変わってきますが、大きなサイズの商品の場合は、商品価格よりも配送費用のほうが高くなってしまうこともあります。

海外の大手ECモールやネットショップなどで販売されている商品は価格も安く、日本よりも安価に入手できるというメリットがある一方で、関税や配送費用も含めて考えてみると、国内で購入したほうが安かったり、国内での販売価格よりも高くなってしまったりすることがあります。海外から仕入れる際は、本体価格の安さだけを見るのではなく、関税と配送費用を含んだ価格で考えるようにしましょう。

関税と配送費用以外にも、配送日数を考える必要があります。国内であれば、注文した商品が早ければ翌日に届くことがありますが、海外からの仕入れでは最低でも10日程度は見ておかなければなりません。

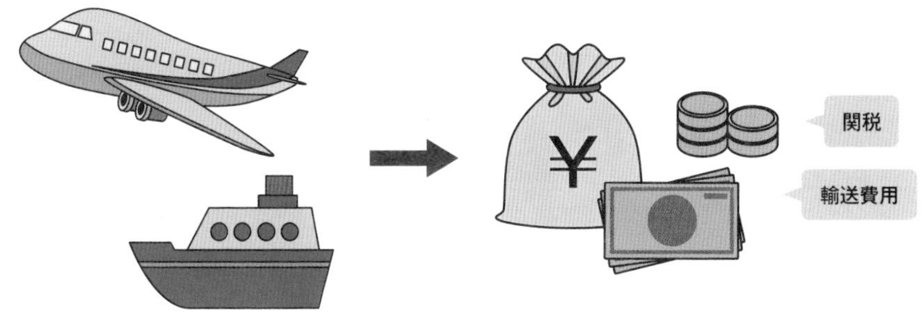

▲ 海外からの仕入れは関税や配送費用がかかるため、利益がマイナスにならないように注意すべき。

海外からの仕入れは検品と決済に気を付ける

検品

出品した商品に問題があったときは、仕入れ先ではなく出品者の責任です。仕入れ商品はそのまま販売するのではなく、しっかりと検品することが大切です。

仕入れ商品の中には不良品も

仕入れ商品は販売元が検品をしているとはいえ、出品する際は検品が必須です。とくに海外からの仕入れ商品はしっかりと検品するようにしましょう。中国やベトナム、インドといったアジア〜東南アジア圏からの仕入れ商品は、20個に1個程度の割合で不良品が発生するといわれています。以前に比べると不良品の割合は改善しているとはいえ、今でも一定の割合で発生しているため注意が必要です。

気を付けたいのは、海外工場からの直仕入れの商品です。メーカーから仕入れる場合にはメーカーが検品をして不良品を弾いていますが、工場から直仕入れの場合は不良品が混じっている確率が高まります。現在、日本国内で売られている商品の中には中国などから仕入れているものが多くあります。それでも不良品が少ないのは、メーカーやショップが検品を行っているからです。

メルカリでは、メーカーやショップが担っている検品は出品者が担います。商品が届いたらしっかりと検品を行うようにしましょう。

新品の場合

検品の際は以下の点に気を付けるとよいでしょう。なお、新品の場合は基本的に中身の確認は行いません。中身を確認するために開封するなどの行為は、購入者にあまりよい印象を与えないので注意しましょう。

検品の際のチェック項目

- 外装のダメージ状態を確認する（箱がつぶれていないか、破れていないか）
- シュリンク包装（ビニールで包まれた状態）の場合は、シールやほこりがあればきれいな状態にする

中古品の場合

中古品の検品は非常に重要です。検品を怠ると、万一商品に問題があったときにクレームにつながる原因となります。場合によっては返品となるかもしれません。以下の点を参考に、細かくていねいに検品したうえで出品するようにしましょう。

- 商品に傷や汚れがないか確認する
- 付属品がきちんと同梱されているか確認する
- 家電製品はきちんと通電するか確認する
- ゲーム周辺機器は使えるかどうか動作確認する

決済は「PayPal」がおすすめ

海外から商品を仕入れるときの決済方法は、できるだけ「PayPal」を選択するようにしましょう。PayPalには、届いた商品に問題があった場合に返金してもらえる「買い手保護プログラム」があるからです。

海外の工場などから直接商品を仕入れてその中に不良品があった場合、返品手続きや返金手続きには面倒な作業が発生します。また、返品を受け付けていない工場やネットショップもあります。その点、PayPalで決済すれば、PayPalが工場やネットショップの間に入って、問題を解決するまでサポートしてくれます。

アメリカの総合ECモール「eBay」や、中国の総合ECモール「アリババ」などはPayPalに対応しています。そのほかのECモールやネットショップで商品を仕入れる場合も、できるだけPayPalに対応しているサイトを選ぶほうが、安心して取引ができます。

▲ https://www.paypal.com/jp/home

おすすめの仕入れ先Web問屋・卸サイト

問屋・卸

ネット上には個人や小ロットでも取引をしてくれるWeb問屋・卸サイトがたくさんあります。通常のネットショップよりも安く仕入れられるため、利益率も上げられるようになります。

個人・小ロットの仕入れも可能

実店舗の問屋や卸の場合は、法人でないと取引できないことが多く、大量ロットでないと仕入れできないなどの懸念点がありました。しかし、Web問屋・卸サイトの場合はそうした制約がほとんどありません。また、価格交渉しないとならない煩わしさもありません。

最近では、問屋・卸であっても個人の取引や小ロットでの仕入れを歓迎しているところもあります。以下を参考にして、積極的にWeb問屋・卸サイトを活用するとよいでしょう。

おすすめの問屋サイト

問屋サイト名	特徴
未来問屋 https://miraitonya.net/	ブランド時計の仕入れに特化した問屋サイト。腕時計だけでなく、アクセサリーやインテリア用品など取り扱っているジャンルが充実。1点から仕入れることができる
スーパーデリバリー https://www.superdelivery.com/	アパレルと雑貨に強い。月会費2,000円がかかるものの、商品数が豊富で1点から仕入れられるなどメリットがある
卸の達人 https://www.oroshi-tatsujin.com/	美容や健康系のサプリメント、ダイエット食品を中心に扱っている。テレビやネットで話題の商品を仕入れられるため、ほかでは手に入らない商品も見つけることが可能
問屋国分ネット卸 https://netton.kokubu.jp/	会員制の仕入れサイト。無料の会員登録は必要だが、月額利用料はかからない。食料品や日用品、雑貨など、16,000点以上の商品を扱っており、小ロットで仕入れることができる。地域限定商品などもあり、他サイトにはないような商品もここで仕入れられるのが特徴
TEN TO TEN-MARKET https://www.tentoten-market.jp/	雑貨やファッション、食品などの商品を1点から仕入れることができる。デザイン性に優れたものが多く、テーマごとの特集も充実している
丸善商店 https://www.maruzen-toy.com/	おもちゃに特化した問屋サイト。90%以上オフの商品があるなどかなり安価に仕入れられる。Amazonや楽天市場などで在庫切れになっている商品もある場合がある
BUYON https://www.buyon.jp/	韓国のアパレル商品を安く仕入れられる。商品数は60万点以上に上り、中でもレディースが多くメルカリとの相性もよい

第7章

メルカリをさらに楽しむ! メルペイの使い方

メルペイはメルカリ内だけでなく、実店舗やネットショップでの買い物にも使える便利なサービスです。本章では、メルペイの概要や使い方を始め、売上金との関係についても解説しています。メルペイを活用して、メルカリをさらに楽しみましょう。

メルペイとは？

メルペイ

メルペイは全国の店舗での買い物に利用できるスマホ決済サービスです。メルカリと連携しているため、メルカリの売上金やポイントを実店舗での買い物に利用できます。

メルカリ以外での買い物にも利用可能

メルカリの100%子会社である株式会社メルペイが提供する「メルペイ」は、スマホ決済サービスの1つです。メルカリのアカウントを持っていれば誰でも無料で利用できる機能で、**メルカリ内だけではなく、メルペイに対応した全国の実店舗や一部のネットショップでの買い物にも利用することが可能です。**

最大の特徴は、電子マネー「iD」で支払いができることです。iDは使える店舗が多いため、メルペイに対応していなくても、iDが使える店舗であれば支払いが可能です。また、メルカリの売上金を利用するためには、メルカリ内での買い物に使うか、登録している銀行口座に振り込んで現金を出金する2つの方法がありましたが、出金には手数料や手間がかかります。メルペイを利用すれば、メルカリの売上金を現金化しなくても電子マネーとして使うことができるため、メルカリユーザーにとって利便性が高いサービスといえるでしょう。スマートフォンがお財布の代わりにもなるため、買い物をよりスマートに楽しめます。

» メルペイのしくみ

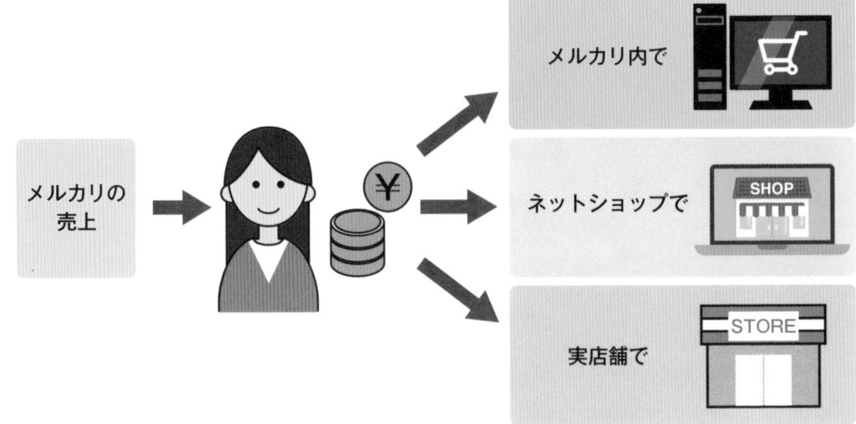

支払いの方法

メルペイを使った支払いの方法には3種類あります。1つめは、メルカリで取得した「売上金」や「ポイント」で支払う方法、2つめは、銀行口座やATMからチャージ（入金）した「メルペイ残高」で支払う方法、そして3つめは、今月の購入代金を翌月にまとめて清算できる「メルペイスマート払い」で支払う方法です。なお、「メルペイ」画面で「メルペイ残高」と並んで表示されているポイントは、1ポイント=1円としてメルペイでの買い物に利用できます。ポイントの種類は、メルカリの売上金（＝メルペイ残高）で購入できる「有償ポイント」と、キャンペーンなどで獲得できる「無償ポイント」の2つあります。メルペイ残高からポイントを購入することはできますが、ポイントをメルペイ残高に戻すことはできません。

また、支払いの形態には「iD決済」と「コード決済」の2種類があります（Sec.111参照）。iD決済はiDマークのある実店舗で利用でき、iDの読み取り機にスマートフォンをかざすだけで決済できます。コード決済はメルペイマークのある実店舗で利用でき、店員に自分のコードを読み取ってもらったり、店舗にあるコードを読み取ったりすることで決済が完了します。

メルペイの便利な特徴

メルカリアプリから利用できる

メルカリアプリの「メルペイ」から利用することができるため、新しいアプリをインストールする手間がかかりません。

メルカリの売上金を利用できる

メルカリで得た売上金を電子マネーとして使えます。メルカリ内だけでなく、iD決済やメルペイコード決済に対応した全国のコンビニや飲食店などの加盟店で活用できるため、利用シーンが幅広いのも特徴です。

多くの店舗で利用できる

実店舗だけでなく、一部のネットショップでも利用できます。利用できる店舗は全国に170万か所あります。

Section 108

メルペイの利用を開始する

メルペイ

メルペイはメルカリ以外での買い物にも使える便利なサービスです。まずはメルペイに登録してみましょう。ここではiPhoneでiDと銀行口座を登録する手順を紹介していきます。

iDを登録する

❶「メルペイ」画面を表示し、＜iD未設定＞をタップします。

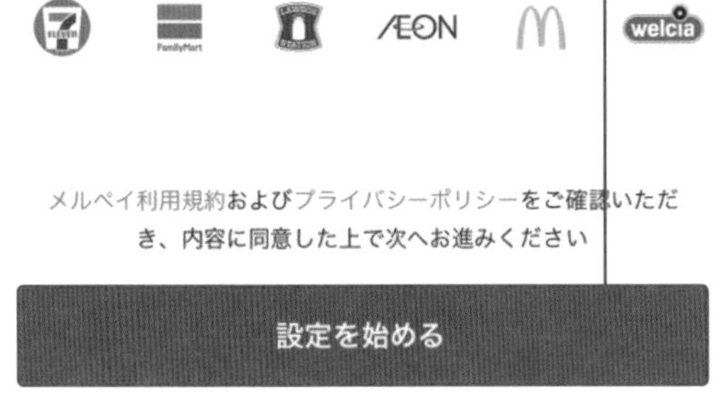

❷＜設定を始める＞→＜OK＞の順にタップします。

-*-　にSMSでお送りした4桁の認証番号を入力してください

認証番号　6502

認証する

❸SMSに届いた認証番号を入力します。

❹＜認証する＞をタップし、画面の指示に従って登録します。

銀行口座を登録する

設定

メルペイ設定

メルペイスマート払いの設定

定額払いの設定

❶P.212手順❶の画面で、＜メルペイ設定＞→＜銀行口座＞の順にタップします。

銀行口座管理　編集

新規口座の登録

銀行口座の管理方法

❷＜新規口座の登録＞→＜銀行口座を登録する＞の順にタップします。

銀行の選択

銀行名から探す

ゆうちょ銀行

楽天銀行

❸任意の銀行口座をタップし、画面の指示に従って登録します。

MEMO　アプリでかんたん本人確認

銀行口座を持っていない場合や登録に抵抗がある場合は、「アプリでかんたん本人確認」を活用してみましょう。自分の顔と本人確認書類（運転免許証、在留カード、マイナンバーカード、パスポートのいずれか）をいっしょに撮影することで、メルペイを利用できるようになります。

Section 109

メルペイと売上金との関係

売上金

メルペイはメルカリでの売上金を支払いに充てることができます。どのようなしくみになっているのでしょうか？ ここでは売上金との関係や売上金の振り込みなどについて解説します。

売上金をより幅広いシーンで利用できる

出品した商品の取引が完了すると反映される販売利益は「売上金」と呼ばれています。売上金を使えば、メルカリ内での買い物に利用できるポイントを購入できるだけでなく、振込申請の手続きを踏むことで、口座振込で現金化することも可能です。また、メルカリと連携しているメルペイでも利用できます。

メルペイで「本人確認」を完了させると、売上金は自動的に「メルペイ残高」になります。メルペイ残高は、チャージしたりメルカリで売上金を取得したりすることで増やすことができます。本人確認が完了していない場合でも、売上金を使ってポイントを購入できます。ポイントの購入に手数料はかかりません。

このようにして売上金をメルペイ残高やポイントに変換することで、メルペイ対応店舗での支払いが可能になり、幅広いシーンで利用できるようになります。また、売上金をメルペイ残高に変換することで2つのメリットが得られます。1つめは、メルカリ内で商品を購入する際にポイントをわざわざ購入する手間がなくなることです。2つめは、本来は180日間の期限が設けられている「売上金の振込申請期限」がなくなることです。

売上金の振込申請期限とは

売上金の使い方はさまざまですが、売上金には振込申請期限が設けられています。メルペイにチャージするための「お支払い用銀行口座」を登録している場合は申請期限がありませんが、登録していない場合は、売上金を取得してから「180日間」を過ぎると、登録している「振込申請用の銀行口座」へと自動的に振り込まれるようになっています。銀行口座への振り込みは200円（お急ぎ振込の場合は400円）の手数料がかかるため、期限を過ぎる前に対処したほうがお得でしょう。

売上金を取得したら、180日間以内に、「メルカリポイントを購入」「メルペイ残高にチャージ」「現金化するために振込申請を実行」のいずれかを行うことをおすすめします。なお、銀行口座を登録していないと売上金が失効してしまうので注意が必要です。万一売上金が失効してしまった場合は、銀行口座を登録して事務局に連絡すると、再付与されます。

» 振込申請期限

お支払い用銀行口座を登録 （メルペイ残高をチャージするために必要な銀行口座）	無期限
振込申請用の銀行口座を登録 （売上金を振り込むための銀行口座）	180 日間
登録していない	失効（180 日過ぎた場合）

メルペイにチャージすれば手数料無料ですぐに利用できる

メルペイの対象店舗での買い物が多い人は、売上金をメルペイ残高にチャージしておくのがおすすめです。売上金は振込申請をすることで現金化できますが、手数料がかかるだけではなく、振込スケジュールに基づいて振り込まれるため、すぐに現金化することができません。現金化は、ゆうちょ銀行の場合は最低3～4営業日、ゆうちょ銀行以外の場合は最低1営業日の時間を要します。振り込みの詳細はメルカリガイド（https://www.mercari.com/jp/help_center/article/98/）で確認してみてください。

一方、メルペイにチャージしておけば、手数料はかからず実店舗ですぐに利用することができます。Apple Payやおサイフケータイと連携させれば「iD」としても決済可能なので、利用シーンが広がって便利に活用できます。

メルペイでメルカリ内の商品を買う

メルカリ内の商品をメルペイを利用して購入したいとき、「ポイントを利用する方法」と「メルペイ残高を利用する方法」の2パターンに分かれます。それぞれの利用方法を確認しておきましょう。

メルペイで商品を購入する

これまでメルカリで商品を購入するときは、売上金でポイントを購入する必要がありました。しかし、メルペイに登録すると、売上金が自動的にメルペイ残高に変わり、メルカリ内でそのまま使うことができるため、ポイントを購入する必要がありません。ここではメルペイで商品を購入する流れを見ていきましょう。

❶購入したい商品を表示し、<購入手続きへ>をタップします。

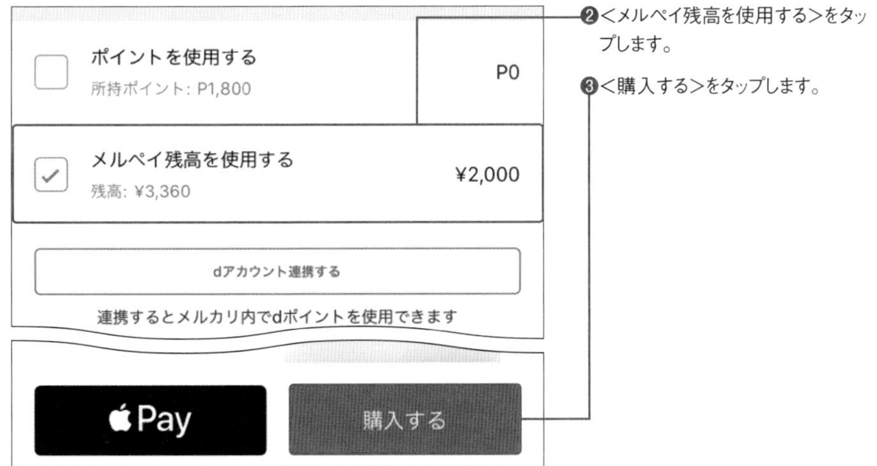

❷＜メルペイ残高を使用する＞をタップします。

❸＜購入する＞をタップします。

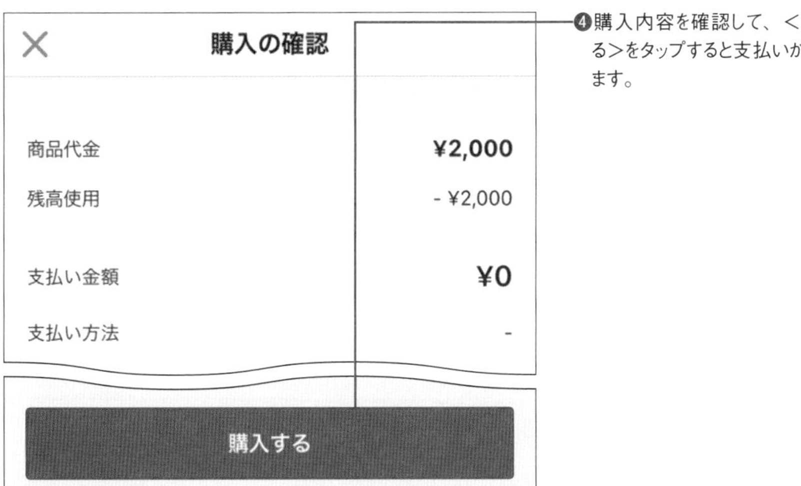

❹購入内容を確認して、＜購入する＞をタップすると支払いが完了します。

MEMO ポイントの有効期限

ポイントには有効期限があります。売上金で購入したポイントは購入した日から365日間、キャンペーンなどで得たポイントは獲得日から180日間です。有効期限を過ぎるとポイントは失効してしまうので注意しましょう。ポイントの有効期限は「メルペイ」画面で＜ポイント＞→＜有効期限＞の順にタップすることで確認できます。

ポイント履歴
ポイント履歴 有効期限
2021/08/19 購入したポイント P1,800

メルペイを実店舗で利用する

メルペイの特徴の1つは、全国の実店舗で「iD決済」と「コード決済」による支払いができることです。それぞれどのように利用すればよいのでしょうか？ その手順を解説します。

iDで支払う

メルペイを使えば、専用端末にスマートフォンをかざすだけで決済可能な電子マネーサービス「iD」を利用することができます。iD決済に対応している店舗はコンビニを始め、飲食店やドラッグストアなど全国にたくさんあり、幅広いシーンでスムーズな決済を実現することができます。

iD払いの対応店舗には「iDマーク」が掲示されているため、利用したい店舗で確認してみるとよいでしょう。なお、メルペイでiD決済を利用するには初期設定が必要です。店舗で利用する前にあらかじめ設定しておきましょう（Sec.108参照）。

実店舗でiD決済を利用するときは、会計時に店員に「iDで」と伝えます。レジの端末に表示される金額をチェックして専用端末にスマートフォンをかざし、音が鳴ると支払い完了です。

メルペイコードで支払う

メルペイマークのある店舗では、支払い用QRコード・バーコードを利用した「コード決済」による支払いが可能です。コード決済では、メルペイ残高やメルペイポイント、メルペイスマート払いを利用できます。

コード決済は「自分のコードを読み取ってもらう方法」と「店舗のコードを読み取る方法」の2種類があります。どちらの方法を利用する場合も会計時に店員に「メルペイで支払う」ことを伝えましょう。なお､コード決済には「QRコード」と「バーコード」がありますが、どちらを使用するかは店舗ごとに決まっています。

» 自分のコードを読み取ってもらう

「メルペイ」画面で＜コード決済＞をタップすると、QRコード・バーコードが表示されるので、店舗側に読み取ってもらい決済します。

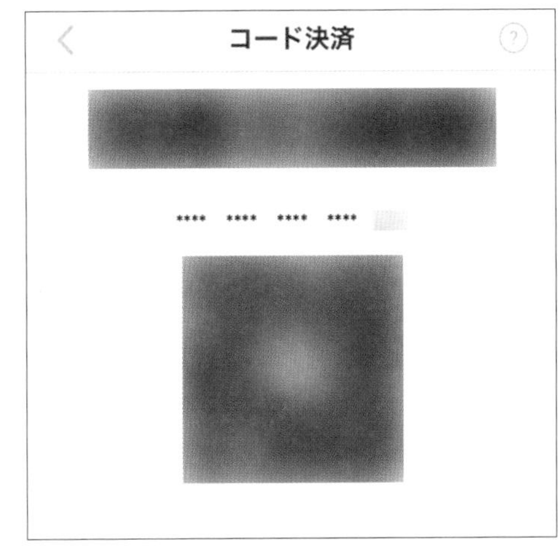

» 店舗のコードを読み取る

「メルペイ」画面で＜コード決済＞→＜QRコード読み取り＞の順にタップすると、カメラが起動して「QRコード読み取り」画面が表示されます。店舗に掲示されているQRコードを読み取りましょう。その後、支払い金額（税込）を入力し、店員に確認画面を見せて正しい支払額であることが確認されたらそのまま決済を行います。

メルペイをネットショップで利用する

メルペイはメルカリ内や実店舗だけでなく、一部のネットショップでの買い物にも利用することができます。ここではその使い方を見ていきましょう。

ネットショップでメルペイを使う

メルカリ以外のWebサービスやネットショップでもメルペイによる支払いが可能です。対象となるネットショップはまだ少ないものの、順次対応店舗を拡大していく予定です。ネット決済に対応している店舗は、メルペイの公式サイト（https://www.merpay.com/shops/）から確認してみるとよいでしょう。

ここでは「ワタシプラス」を例に、利用方法を解説していきます。

お支払い方法指定

○ クレジットカード

○ 楽天Pay

○ d払い（ドコモ）

○ auかんたん決済

○ LinePay

◉ メルペイ（メルカリアプリで決済）

ご注文代金をメルカリアプリを利用してお支払い頂ける決済方法です。
メルペイの残高やポイント、メルペイスマート払い（対象者のみ）をご利用頂けます。
※事前にメルカリアプリのダウンロードおよび会員登録が必要になります。

❶支払い方法の選択画面で、<メルペイ>をタップします。

メルペイの「決済」ボタンを押すと、ワタシプラスのご注文完了画面に移動します。

SafariのWEBブラウザの履歴を残さない「プライベートブラウズ」機能は、オフでご利用ください。

Pay メルペイでお支払い

❷注文の確認画面で＜メルペイでお支払い＞をタップします。

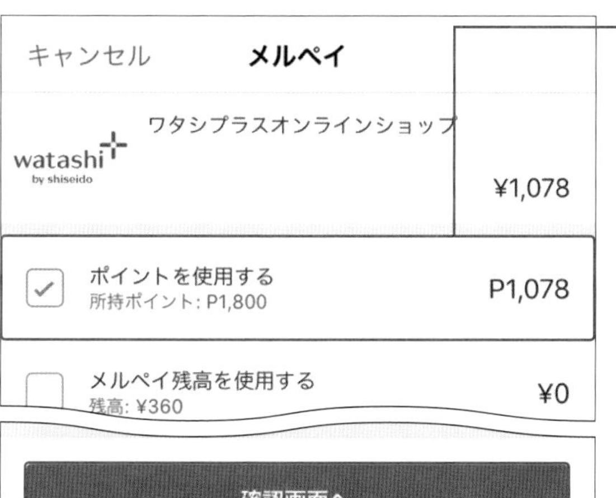

❸メルカリアプリが起動するので、ここでは＜ポイントを使用する＞をタップします。

❹＜確認画面へ＞をタップします。

支払いの確認

合計金額	¥1,078
ポイント使用	- P1,078
支払い金額	¥0
支払い方法	-

支払う

❺確認画面が表示されたら、＜支払う＞をタップすると決済が完了します。

メルペイにチャージする

メルペイはチャージにも対応しています。チャージには、銀行口座から行う方法とセブン銀行ATMから行う方法の2種類があります。メルペイの残高が足りなくなったときに利用すると便利です。

銀行口座からチャージする

銀行口座からチャージするためには、あらかじめ「お支払い用銀行口座」を登録しておく必要があります。

❶「メルペイ」画面で<チャージ>をタップします。

銀行口座
チャージ
チャージ方法
横浜銀行
****
チャージ (入金) 金額
残高: ¥360
¥3,000 ＞
チャージとは？ ＞
チャージする

❷「チャージ方法」が銀行口座になっていることを確認します。最初はチャージ金額が3,000円になっていますが、<チャージ（入金）金額>をタップし、<金額を自由に入力する>をタップすれば、1,000～200,000円の間で入金金額を指定することができます。

❸<チャージする>をタップすると、指定した金額分がチャージされます。

セブン銀行ATMからチャージする

駅構内やセブンイレブン店舗内などに設置されている「セブン銀行ATM」から現金でチャージすることも可能です。1,000円単位での入金が可能で、最低入金金額は1,000円、1日の入金上限額は99,000円です。チャージに手数料はかかりませんが、硬貨でのチャージはできません。また、投入した金額が全額チャージされるしくみのため釣銭も出ません。

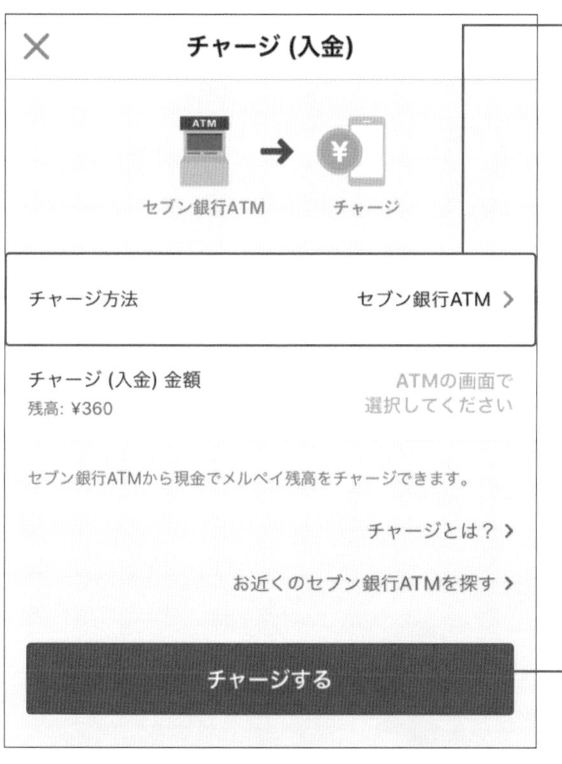

❶P.222手順❶を参考に「チャージ(入金)」画面を表示し、「チャージ方法」を「セブン銀行ATM」にします。

❷＜チャージする＞をタップします。

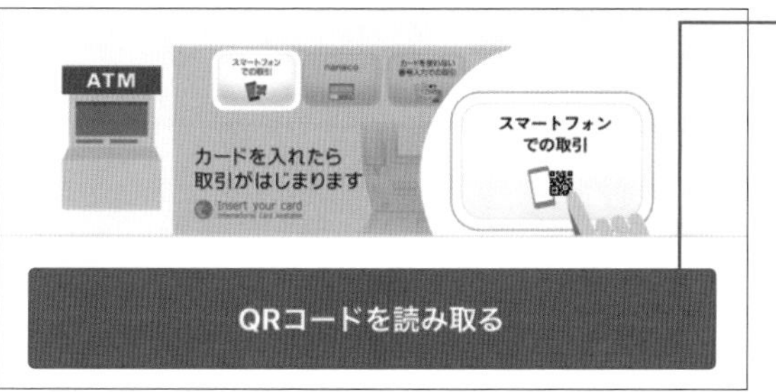

❸＜QRコードを読み取る＞をタップし、ATMの画面に表示されているQRコードを読み取ったら、ATMの画面の指示に従ってチャージを行います。

上限額を設定できる「メルペイスマート払い」

「メルペイスマート払い」は、当月の利用代金を翌月にまとめて支払うことができるサービスです。利用の上限額も設定できるため安心です。利用のメリットや注意点などを押さえておきましょう。

支払いの手間が省けて使い過ぎも防げる

メルペイには、当月の利用代金を翌月にまとめて清算できる「メルペイスマート払い」と呼ばれるサービスがあります。これはメルカリ内での買い物だけでなく、「iD決済」や「コード払い」による実店舗での買い物や、メルカリ以外のネットショップでの買い物にも利用できることが特徴です。メルペイスマート払いの利用には2つのメリットがあります。

1つめは「翌月1回のみの支払いで複数回の買い物ができる」ことです。給料前などで手元や銀行口座にお金がなくてもほしい物を購入することができます。また、メルペイ残高が足りなくなったタイミングでその都度チャージする必要がなくなります。当月の利用明細は「翌月1日」に通知され、翌月1日～末日までの間で自分の好きな日時に清算することができます（自動口座引き落としを除く）。

2つめは「利用上限額を選択できる」ことです。利用できる上限額をあらかじめ自分で設定できるため、使い過ぎる心配がなく、翌月に無理のない精算を実現しやすくなります。

◀ 画面右上の表示をタップすると、支払い方法（メルペイ残高かメルペイスマート払いか）を切り替えることができる。

メルペイスマート払いを使用する際の注意点

後払い式のメルペイスマート払いには、利用上の注意点があります。まず、個人の社会的信用が重視されることから、「本人確認が完了している」ことや「一定の年齢を満たしている」ことが利用条件です。18歳未満の利用は禁じられており、本人確認が完了していない場合は利用することができません。

また、「支払いの滞納」にも要注意です。期限までに清算されない場合や支払いを滞納している場合は、精算が完了するまでメルペイスマート払いを利用できません。また、清算期限を超過した場合の支払い方法は、コンビニまたはATMでしか行えない点にも注意が必要です。

さらに、回収にかかる費用として、2週間ごとに300円の延滞事務手数料が請求されることがあるなど、利用にはいくつかの注意点があるので、事前に確認しておくようにしましょう。

18歳未満は利用不可

清算完了まで
メルペイスマート払いは使えない

延滞手数料がかかる

メルペイスマート払いの「定額払い」

2020年7月から、メルペイスマート払いの「定額払い」サービスの提供が始まりました。このサービスを利用すれば、翌月に一括して支払うメルペイスマート払いによる購入代金の清算を、月々に分けて清算することができます。清算金額はあとから変更可能なため、早めに清算を終えることもできます。また、定額払いにする商品を3つまで選択できるため、使い過ぎも防止してくれます。なお、定額払いにできるのは、メルペイスマート払いで購入した翌月9日の20時までです。

ただし、定額払いを利用するためには申し込みと審査が必要で、20歳未満は利用することができません。また、所定の年率に応じた「手数料」がかかります。前月末日の元金に定額払い手数料を加えた金額（清算額）を清算するしくみです。

このように、メルペイにはメルペイスマート払いや定額払いなど、柔軟な支払い方法が用意されています。自身に合った使い方を実現できるのも魅力の1つです。

メルペイスマート払いを設定する

設定

メルペイ設定 ＞

メルペイスマート払いの設定 ＞

定額払いの設定 ＞

振込申請 ＞

❶「メルペイ」画面で、＜メルペイスマート払いの設定＞→＜設定をはじめる＞の順にタップします。

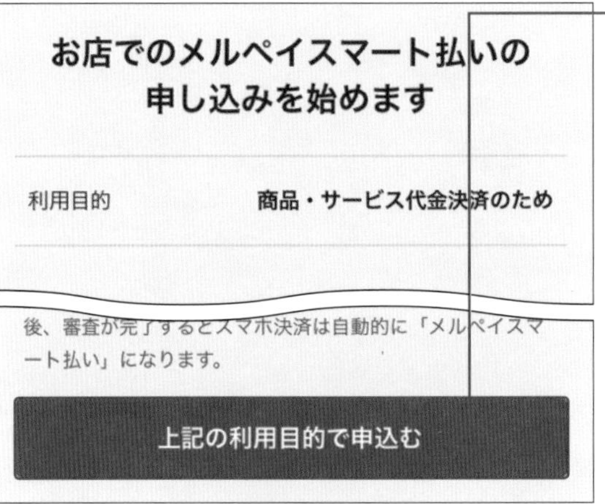

❷「利用目的」を確認し、＜上記の利用目的で申込む＞をタップします。

ご自身にピッタリの金額を選んでください

利用上限金額 ¥10,000 ＞

この金額ではじめる

❸＜利用上限金額＞をタップし、任意の上限金額を設定します。

❹＜この金額で始める＞をタップすると、メルペイスマート払いを利用できます。

「本人確認」で銀行口座がなくても利用できる

支払い用の銀行口座を持っていない人は、メルペイ残高が足りないときにチャージすることができません。しかし、「本人確認」を済ませれば、メルペイを便利に使うことができます。

本人確認後に得られる権限を活用

メルペイ残高が足りないとき、銀行口座を持っていない人は「口座引き落とし」によるチャージを行えません。しかし、「アプリでかんたん本人確認」で本人確認を済ませれば、銀行口座がなくてもメルペイを便利に利用できます。本人確認済みのアカウントには、次の権限が与えられます。

（1）獲得した売上金が「メルペイ残高」に自動でチャージされる
（2）「メルペイスマート払い」を利用できる
（3）ポイント還元キャンペーンに参加できる
（4）180日間の「売上金の振込申請期限」がなくなる

この中でとくに注目したいのは（1）と（2）です。まず（1）であれば、売上金から自動チャージされたメルペイ残高を使って、実店舗での支払いに充てることができます。また、(2) の「メルペイスマート払い」が利用できることで、銀行口座がなくても後払いができる状態になります。メルペイスマート払いの精算方法は、「指定した銀行口座からの自動引落しによる方法」のほかにも、「メルペイ残高で精算する方法」や「コンビニ／ATMで現金で精算する方法」を選べるようになっています。

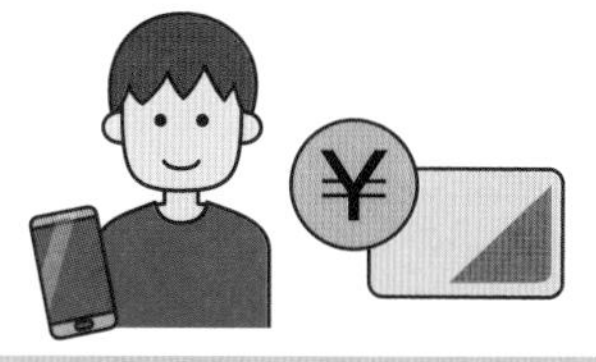

売上金がメルペイ残高に
自動でチャージ

メルペイスマート払いを利用して
口座引き落とし以外で精算

▲ 銀行口座がなくても、「本人確認」を済ませればメルペイを便利に利用できる。

Section 116

メルペイでもらえるお得なクーポンを利用する

クーポン

メルペイには、実店舗やネットショップで使えるクーポンが豊富に用意されています。クーポンをうまく利用すれば、よりお得に買い物をすることができて便利です。

実店舗とネットショップで使えるクーポンを利用できる

メルペイには、実店舗で使えるクーポンとネットショップで使えるクーポンがあり、「値引クーポン」と「ポイント還元クーポン」の2種類があります。

値引クーポン

対象店舗での支払い時に利用することで、支払い代金の値引きを受けられものです。クーポンによって、何回でも利用できるものと、1人1回限りのものに分かれているので、クーポンの詳細画面を確認しましょう。なお、値引クーポンはネットショップには対応していません。

ポイント還元クーポン

対象店舗での支払い時に利用することで、支払いをした翌日（ネットショップの場合は30日後）にポイント還元を受けられるものです。

▲ 有効期限が表示されているクーポンもある。青いシートをめくると同時にカウントダウンが始まる。

MEMO 抽選式のクーポン

「値引クーポン」「ポイント還元クーポン」のほかに、当たった場合のみ利用できる抽選式のクーポンもあります。抽選が必要なクーポンはラベルが表示されているので、ぜひ挑戦してみるとよいでしょう。

クーポンの使い方

❶「メルペイ」画面で、「メルペイクーポン」の<すべて見る>をタップします。

❷利用可能なクーポンが表示されるので、任意のクーポンをタップします。

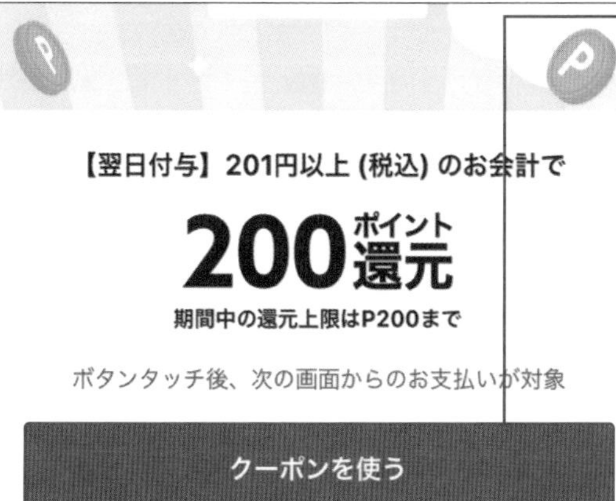

❸<クーポンを使う>をタップし、画面の指示に従ってクーポンを使いましょう。店舗によっては画面の提示が必要な場合もあります。

COLUMN

メルペイを使ううえでの注意点

メルペイには便利に使える機能がたくさんありますが、あらかじめ押さえておきたい注意点もあります。

クレジットカード払いには対応していない

メルペイは後払い方式のスマホ決済サービスに採用されていることが多い「クレジットカード払い」に対応していません。売上金や銀行口座からのチャージによる「プリペイド方式」を採用しているため、残高不足に陥るたびに入金の手間がかかります。

日常的な「ポイント還元制度」が用意されていない

メルペイには、ほかのキャッシュレス決済サービスにあるような、利用料金に応じてポイントが付与される「ポイント還元制度」のしくみがありません。ただし、「ポイント還元クーポン」や「値引きクーポン」が配布されているので、そうしたクーポンを積極的に利用すればお得に買い物ができます。

「抽選式クーポン」は自由に使えない

メルペイクーポンの中には、抽選に当たらないと利用できない「抽選式のクーポン」がありますが、そのクーポンを利用したければ、当たるまで抽選に参加しなければなりません。

クレジットカード払い
には未対応

日常的なポイント
還元制度なし

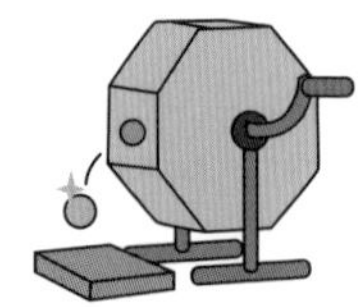

抽選式のクーポンは
自由に使えない

困ったときの安心トラブル解決Q&A

メルカリは個人間での取引の場であるため、トラブルが付きものです。この章では、メルカリでありがちなトラブルとその対処法をQ&A形式で紹介しています。トラブルを起こさないためには、冷静かつ迅速な対応が必要です。ここでの内容を押さえて、取引をスムーズに進めましょう。

購入した商品が届かない

購入したにもかかわらず商品が届かないというトラブルは、メルカリの中でもっとも多いトラブルです。追跡可能な商品であれば安心ですが、そうでない場合はどのように対処したらよいのでしょうか。

配送状況やポストを確認する

メルカリの中でもっとも多いトラブルが、購入した商品がなかなか届かないというものです。配送方法や発送元の地域によって届くまでの日数は異なりますが、離島でない限り、目安として発送通知から遅くとも5日（メルカリ便の場合は10日）程度で商品は届きます。ここでは、発送通知されたにもかかわらず商品が届かないときの対処法を紹介します。

配送状況を確認する

追跡番号がある場合は、配送業者のホームページから確認しましょう。メルカリ便を使っている場合は、取引画面から配送状況を確認することができます。なお、定形・定形外郵便の場合は、郵便局のホームページから調査依頼ができます。

ポストを確認する

本やCDなどの薄型の商品は郵便受けに入っていることもあります。不在票がないかどうかもあわせて確認するようにしましょう。

ただし、配送に時間がかかっているだけの可能性もあるので、安易に出品者にクレームを付けるなどの行為は行わないようにしましょう。なお、それでも商品が届かないときは、事務局に問い合わせたり（Sec.136参照）、商品をキャンセルしたり（Sec.118参照）することで返金されます。

自動受取評価

メルカリには、商品が発送されたあと9日経っても受取評価やコメントがされないと、メルカリ事務局が購入者のかわりに受取評価を行って取引を完了させる「自動受取評価」機能があります。商品が長い間届かないときは、放置せずに出品者やメルカリ事務局に問い合わせましょう。

購入した商品をキャンセルしたい

商品

メルカリでは、基本的に自己都合による商品のキャンセルはできません。それでもキャンセルしたいときは、相手の同意を得る必要があります。なお、すでに取引が終わった商品はキャンセルできません。

相手の合意があればキャンセルできる

商品購入後のキャンセルは原則できません。ただし、購入後に相手からの連絡がいっさいなかったり、なかなか発送されなかったりするなど、やむを得ない場合に限っては、取引相手と合意のうえでキャンセルすることができます。ただし、誤って購入したなどの自己都合によるキャンセルを複数回行うと、事務局から警告されたり利用制限の対象となったりするので注意が必要です。

キャンセルの手順

出品者

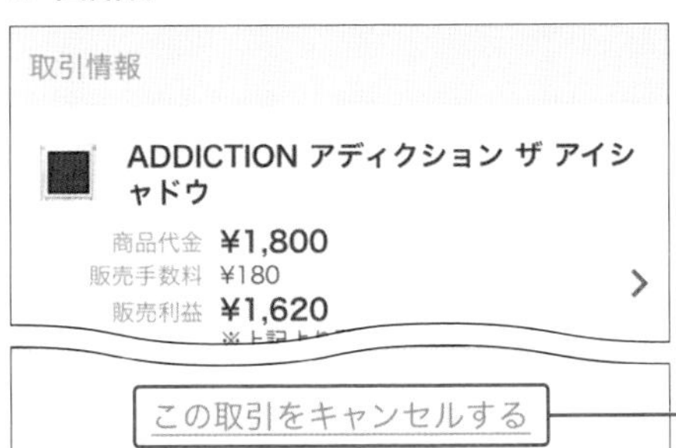

❶まずは取引画面で取引をキャンセルしたいことを伝えましょう。

❷相手が同意したら、出品者が＜この取引をキャンセルする＞をタップして取引キャンセルの申請を行います。

購入者

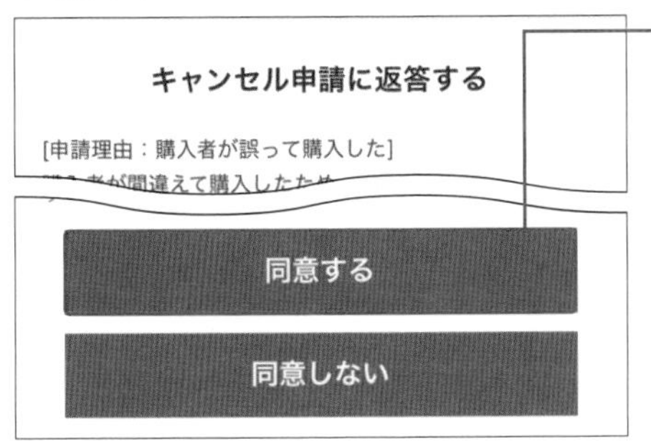

❸キャンセル申請への返答メッセージが届いたら、購入者は＜同意する＞→＜はい＞の順にタップすると、取引がキャンセルされます。

Section 119

購入した商品とは別のものが届いた

商品

購入した商品とは別のものが届いた場合は、受取評価を行う前に出品者にその旨連絡しましょう。返品可能な状況であれば、取引をキャンセルして返金してくれるケースもあります。

受取評価前に出品者に連絡する

購入した商品とは別のものが届いたときは、商品を触ったり開封したりせず、そのままにして出品者に相違点を伝え、返品したいことを伝えましょう。出品者に商品を返送したあとで、メルカリ事務局が返金手続きを行う流れです。ただし、相手が返品に応じないなど何らかの問題が起きるケースも少なくありません。そのようなときは、メルカリ事務局に経緯を説明してサポートを受けましょう。

なお、出品者への連絡は受取評価の前に行う必要があります。メルカリでは、受取評価されることで出品者に売上金が支払われるようになっています。**「受取評価を行う」=「取引完了」となってしまうので、必ず受取評価の前に行わなければなりません。**万一受取評価をしてしまったときは、返品や返金されないケースもあるので注意が必要です。

» 返品からキャンセルまでの流れ

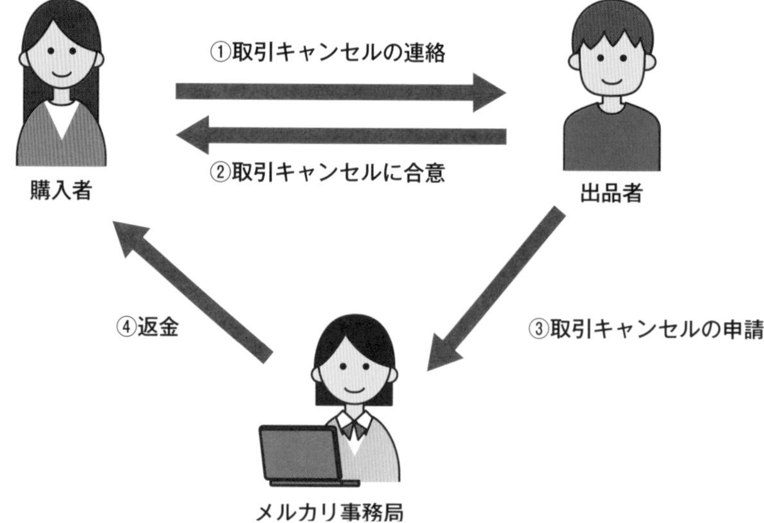

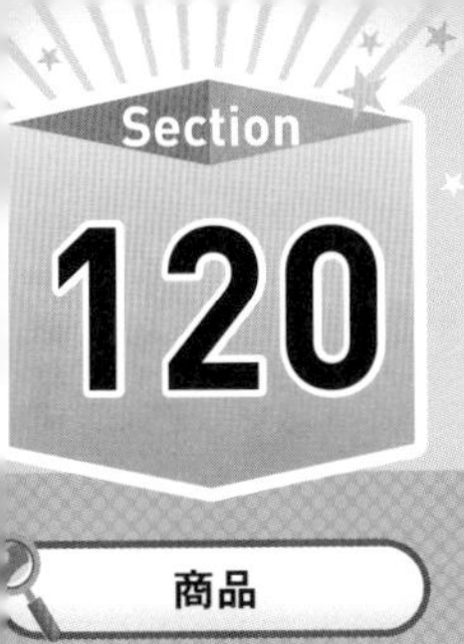

届いた商品が壊れていた

届いた商品が破損しているといったトラブルは割と多くあります。そのようなときは、受取評価を行う前に、出品者と連絡を取るようにしましょう。配送方法によっても対応が異なります。

メルカリ便であれば事務局がサポートしてくれる

取引のキャンセルは出品者の同意を得る必要があります。購入後に届いた商品が壊れていたときは、受取評価は行わず、出品者に商品の状態を伝えましょう。返品を希望する場合はあわせてその旨も伝えます。

出品者の合意を得たら、出品者に商品を返送します。出品者は商品到着後に取引キャンセルの申請を行い、購入者が同意することで事務局がキャンセル手続きを行う流れです（Sec.119参照）。

なお、商品の配送中に破損してしまうケースもあります。配送中に破損してしまった場合は、配送方法によって対応が異なります。

メルカリ便を利用している場合

メルカリ便を利用している場合は、出品者に破損状況を伝え、その後事務局に問い合わせます。このとき、破損状況を確認するため、「商品状態の情報」「商品の破損状態が確認できる画像」「梱包がわかる画像」「梱包の外装がわかる画像」の4点を伝える必要があります。

メルカリ便以外を利用している場合

メルカリ便を以外を利用している場合は、事務局によるサポートが受けられません。場合によっては配送会社の補償を受けられるケースもあるので、まずは配送会社に確認してみるとよいでしょう。

返品に応じない場合

商品説明文の中には、ノークレーム・ノーリターン・ノーキャンセルといった、いわゆる「3N」を記載しているユーザーがいますが、メルカリではこうした記載は禁止されている行為です。出品者に非があるにもかかわらず返品や返金に応じない場合は、メルカリ事務局に問い合わせましょう。

不審な出品物を見つけた

メルカリで不審な出品物を見つけたときは、まずは事務局に報告するようにしましょう。報告したあとは事務局側でメルカリのルールに照らし合わせた確認が行われ、対応してくれます。

商品を事務局に報告する

この商品をシェア
この商品を事務局に報告
キャンセル

❶商品ページを表示し、⋯→＜この商品を事務局に報告＞→＜OK＞の順にタップします。

報告理由
現金類・偽造チケット・偽造金券
商品の報告に関するガイドはこちらをご覧ください。
取引中のトラブルなど、事務局のサポートが必要な場合はお問い合わせフォームからご連絡ください。
事務局に報告する

アダルト・18禁
ブルセラ・児童ポルノ・中古下着
銃刀法違反・武器類
現金類・偽造チケット・偽造金券
宣伝・捜し物・福袋
実物の画像がない
その他

❷「商品の報告」画面が表示されるので、「報告理由」を選択します。

❸＜事務局に報告する＞をタップします。

商品の交換を求められた

交換

商品が到着してから交換を求められるケースもあります。出品者が承諾すれば交換することができますが、後のトラブルを防ぐためにも、購入者都合による交換はあまりおすすめしません。

トラブル回避のためには取引キャンセルがおすすめ

メルカリでは実際に商品を手に取って確認することができないため、商品が届いたあとで「思ってた色と違うので色違いに交換してほしい」「試着したらサイズが合わないので交換してほしい」など、商品の交換を求めてくるユーザーも中にはいます。出品者が交換に応じる場合は商品を交換できますが、購入者都合による交換はトラブルにつながるおそれもあるため、慎重に行う必要があります。

メルカリを介さずやり取りすることになる

取引のキャンセルはメルカリを介して行われますが、商品の交換は購入者と出品者の間で直接やり取りをすることになります。そのため、商品がなかなか届かなかったり、配送中に予期せぬトラブルが起こったりしても、メルカリは補償してくれません。

通常配送になる

メルカリ便では匿名配送が利用できますが、あくまでも商品の交換であり、取引がキャンセルされるわけではないため、購入者は通常配送で商品を返送しなければなりません。氏名や住所といった個人情報が必要になるため、事前に確認しておく必要があります。

安全な取引を行うためには、商品の交換ではなく、一度取引をキャンセルしたうえで再購入してもらうように提案することも考えてみるとよいでしょう。

商品の物々交換は禁止

メルカリでは、互いの商品を値下げして購入し合ったり、一方が商品の差額のみを支払って互いの商品を交換したりする行為は禁止されています。場合によっては取引キャンセルや商品削除、メルカリの利用制限となる場合があるので注意しましょう。

Section 123

購入されたのに代金が支払われない

代金

メルカリはさまざまな支払い方法に対応しています。支払い方法によってすぐに決済される場合とそうでない場合があるので、商品代金が支払われないときは、一度支払い方法を確認してみましょう。

支払い方法によって決済のタイミングは異なる

メルカリでは、クレジットカードやキャリア決済のほか、コンビニやATM払い、メルペイでの支払いなど、さまざまな支払い方法に対応しています（P.15参照）。「発送したけれど代金が支払われない」「支払いをしたのに商品が届かない」といったトラブルを防ぐために、購入代金は一度事務局側が預かり、購入者と出品者の双方が評価を終えることで出品者に売上金が入るしくみになっています。

支払い方法によって代金が支払われるタイミングは異なります。たとえば、クレジットカードやキャリア決済の場合は即時決済されますが、コンビニやATM払いの場合は、購入者が支払いを行わない限り支払われません。購入されたにもかかわらずなかなか代金が支払われないときは、支払い方法を確認したり、購入者と連絡を取ったりしましょう。

クレジットカード／キャリア決済

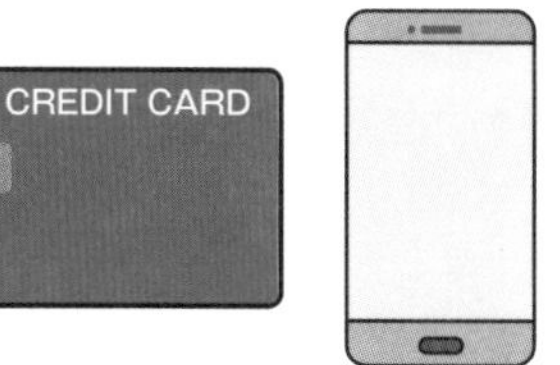

購入されるとすぐに決済される

コンビニ／ ATM払い

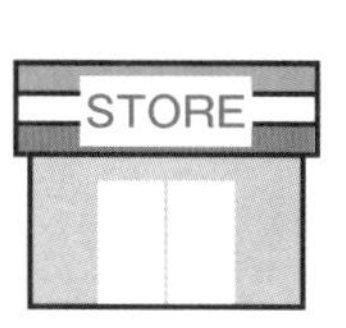

購入者が支払うまで待つ

MEMO 連絡しても支払われないときは

コンビニ／ ATM払いの場合は、購入手続きから3日が支払い期限となっています。期限までに代金が支払われないときや、連絡してもなかなか支払ってくれないときは、取引をキャンセルしたり、事務局に連絡したりするのがよいでしょう。

Section
124
クレーム

理不尽なクレームを付けられた

商品自体に問題がなくても、理不尽なクレームを付けてくるユーザーはいます。こちらに非がないにもかかわらずクレームを付けられたときは、どのように対応すればよいのでしょうか。

まずはクレームの内容を確認する

メルカリを利用しているとクレームを受けることもあります。商品が破損していたり汚れていたりするなど、商品自体に不備がある場合は取引をキャンセルするなどして真摯に対応する必要がありますが、商品自体に問題がないにもかかわらず理不尽なクレームを付けられる場合もあります。

たとえば、商品説明文で汚れがあることを記載しているにもかかわらず「汚れがあるから返金してほしい」や、「色が気に入らないから返金してほしい」などさまざまです。中には返品前に取引キャンセルを完了させ、返品せずに返金を狙うといった悪質なケースもあります。

このような理不尽なクレームが来たときは、まずはクレームの内容が正当かどうかを冷静に判断し、当事者どうしで解決しない場合はメルカリ事務局に相談することをおすすめします。

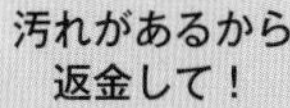
汚れがあるから
返金して！

色が気に入らない
から返金して！
まずはクレームの
内容が正当かどうかを
冷静に判断する

MEMO　受取評価後のクレーム対応

商品の受取評価が行われたあとに付けられたクレームには、基本的に対応する必要はありません。受取評価は、商品を確認して問題ないという意思表示でもあるため、すでに受取評価がされている場合は対応しなくてよいでしょう。それでもしつこくクレームが来るときは、事務局に相談することをおすすめします。受取評価後は事務局の対応は困難ですが、内容によっては対処してくれる場合があります。

低評価を付けられた

受取評価

メルカリでは、一度行った評価はあとから変更することができません。評価はメルカリでの取引に影響を与えることもありますが、低評価を付けられたときはどうすればよいのでしょうか。

納得いかない場合は購入者にメッセージを送る

メルカリの取引評価はこれまで「良い」「普通」「悪い」の3種類でしたが、より気持ちよく取引を行うために、2020年6月から「良かった」「残念だった」の2種類に変わりました。付けた評価は互いが評価することで見られるようになっており、一度付けた評価はあとから変更したり削除したりすることができません。

評価は取引において重要な判断材料にもなります。よい評価が多く付いていればいるほど信頼性が高く、購入者は安心して取引できると思うでしょう。しかし、いくらていねいな対応を行っていても、途中で意思疎通がずれてしまい、結果的に低評価を付けられてしまう場合もあります。

取引メッセージは、取引完了後または最新の取引メッセージから2週間は利用することができます。どうしても評価に納得できないときは、取引メッセージから確認してみるとよいでしょう。万一誤って低評価を付けてしまった場合は、事務局に問い合わせることで対応してくれることもあるため、その点もあわせて確認しておくとよいかもしれません。

なお、中にはわざと低評価を付けるケースもあるようです。メルカリガイドでは以下の内容が評価における迷惑行為となっているため、該当する場合は事務局に問い合わせて対応してもらうようにしましょう。

迷惑行為に該当する行為

- 評価変更を強要する
- 特定の評価を行うように強要する
- 複数回にわたって評価変更を依頼する
- 不適切な内容の評価をする
- 評価に個人情報を記載する
- 自己都合で事務局に評価を依頼する
- 評価しないなどして進行中の取引を放棄する

受取評価がされない

受取評価

受取評価がされないと取引が完了せず売上金も入りません。商品が届いていてもすぐに受取評価をしてくれないユーザーもいるので、遅い場合には購入者にメッセージを送ってみましょう。

最終的には事務局が受取評価してくれる

メルカリでは、出品者と購入者の双方が互いに評価することで取引が完了するしくみです。そのため、購入者が評価してくれないと出品者も評価を行えず、売上金が入ってきません。商品が届いているはずなのに受取評価がされないときは、購入者にひと言メッセージを送ってみるとよいでしょう。

メッセージの例

> 商品は無事に届きましたでしょうか？　届いておりましたら、お手数ですが受取評価をお願いいたします。

ただし、忙しくて受取評価ができていない可能性もあります。安易に急かさず、まずは商品到着から5日程度待ってみて、それでも評価されない場合に連絡を取ってみるとよいでしょう。

メッセージを送っても受取評価をしてくれないときは、「発送通知をした8日後の13時以降」または「購入者の最後の取引メッセージから3日後の13時以降」という条件を満たしている場合に限り、評価を依頼するためのフォームが表示されます。専用フォームから事務局に連絡することで、事務局が代理で評価してくれます。なお、発送通知をした9日後の13時を過ぎると、自動的に取引が完了します。

自動的に評価された場合

自動的に取引が完了した場合は、双方の評価は反映されません。なお、意図的に評価しない行為は迷惑行為となり、警告や利用制限の対象となる場合があります。

Section 127

コメントで誹謗中傷された

コメント

コメントを妨害されたり誹謗中傷を書き込まれたりするトラブルもあります。嫌がらせを受けたら、商品ページから事務局に報告したり、コメント欄から該当のコメントを報告したりしましょう。

事務局に報告する

商品ページのコメントで誹謗中傷などの嫌がらせ行為をされたら、事務局に報告しましょう。事務局側で不適切と判断されると、コメントを非公開にしてくれます。事務局に報告する以外にも、ブロック機能を活用すると便利です（Sec.131参照）。

商品ページから報告する

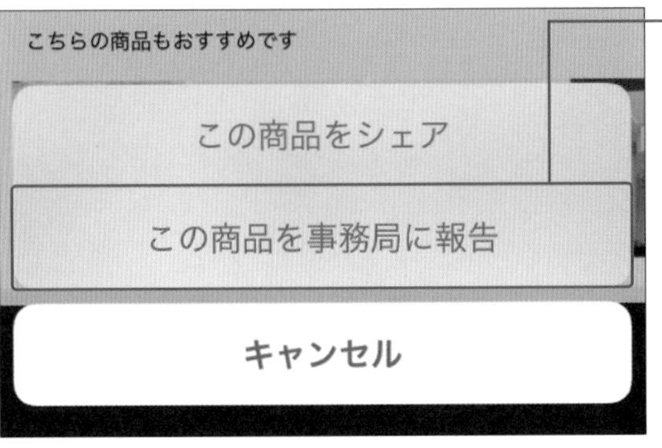

❶商品ページを表示し、…→<この商品を事務局に報告>→<OK>の順にタップします。

❷報告理由を選択して<事務局に報告する>をタップしましょう。

コメント欄から報告する

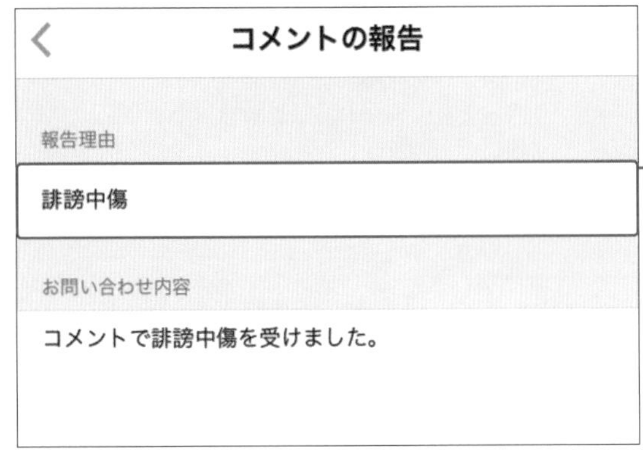

❶商品写真の下の<コメント>をタップすると表示されるコメント一覧画面で、コメント右下の → <OK>の順にタップします。

❷報告理由を選択して<事務局に報告する>をタップします。

値下げをしつこく要求された

値下げ

商品を出品していると、少なからず値引き交渉をしてくるユーザーはいます。値引きをしない場合はその旨伝えることがベストですが、何度もしつこく要求してくる場合はどう対処すべきなのでしょうか。

しつこい場合はブロックする

メルカリなどのフリマアプリでは値段交渉が付きものであり、出品商品に対して「お値下げ可能ですか？」といったコメントが付くことがよくあります。100円や200円といった気持ち程度の値下げであれば応じてくれる人もいますが、中には5,000円の商品を3,000円にしてほしいといった常識はずれな金額を提示してくる人もいます。

また、値下げに応じないケースもあります。値下げはあくまでも交渉であり、出品者の判断で断っても問題ありません。値下げに応じない場合は、商品ページで「商品の値引きには応じません」といったように、値引き不可であることをきちんと記載しておくことが重要です。それでも値下げをしつこく要求してきたときは、事務局に報告したりブロックしたり（Sec.131参照）して対策を取りましょう。

商品の説明

4月に購入しました。
2,3回の使用なので汚れもなく美品です。
完全防水なので、お風呂でも使用できます。

※値下げはいたしません

2時間前

商品の情報

◀ あらかじめ値下げには応じないことをきちんと明記しておくとよい。

MEMO 値下げ交渉中のコメント

値下げ交渉のやり取りをしている際に、突然相手から連絡が来なくなることがあります。そのようなときは、コメントを削除しておくようにしましょう。コメントはほかのユーザーからも見られるようになっているため、値下げ交渉のやり取りを見たユーザーが、その値段で購入できると思ってしまうためです。極力、提示している価格で購入してもらうことがベストなので、交渉時のコメントは削除しておくほうが望ましいでしょう。

Section 129

専用出品にしたのに購入してくれない

専用

専用ページにしても、すぐには購入してくれないユーザーもいます。しばらく経っても購入されないときは、ひと言メッセージを入れて専用ページを解除しましょう。

専用ページを解除する

特定の相手への出品であることがわかるように、「○○様専用」などと記載することがあります。専用ページにすることでほかのユーザーからの購入を防ぐことができますが、せっかく専用ページを作成しても購入してくれないトラブルがたまに起こります。いつまで経っても購入してくれないときは、購入者に連絡を取ってみましょう。それでも返事もなく購入してくれないときは、専用ページを解除します。

なお、専用出品や取り置きなどに関するトラブルは事務局によるサポートを受けられないため、慎重な対応が求められます。

MEMO 専用ページ作成時の注意点

「専用ページを作ったのに購入してくれない」といったトラブルを防ぐために、専用ページを作成したら、まずは購入期限を決めておくことが大切です。期限が設定されていないといつまで経っても購入されないおそれがあるため、「○日までに購入されない場合は、専用を解除し、通常のページに戻します」などとあらかじめ期限を設定しておくことをおすすめします。また、専用ページは同じページで作る場合と新しく作る場合がありますが、手間や混乱をなくすためにも、同じページで作成するようにしましょう。

専用

専用の商品をほかのユーザーに購入されてしまった

専用にしたのにほかのユーザーに購入されてしまったというトラブルは意外と多いものです。そのようなときは、横取りした購入者にまず連絡を取り、取引をキャンセルできるか確認しましょう。

取引キャンセルできるかどうかを聞いてみる

メルカリの利用規約では、商品を最初に購入したユーザーと取引を進めるのが基本であり、先に購入したユーザーに権利があるとされています。そのため、専用ページを作成していても、第三者が断りなく購入してしまうことがあります。これは、メルカリ内では「横取り」と呼ばれる行為です。「専用」は公式ルールではないため、事務局のサポートを受けることはできず、横取りした購入者も規約違反とはなりません。

専用商品が横取りされてしまったときは、購入者に事情を説明したうえで、取引をキャンセルできるかどうかを確認してみましょう。

コメント例

申し訳ありませんが、ご購入いただいた商品は別の方専用に出品しておりましたため、取引をキャンセルさせていただいてもよろしいでしょうか。ご検討のほど、よろしくお願いいたします。

ただし、中にはキャンセルに応じてくれない購入者もいます。キャンセルを強要することはできないため、応じてくれないようであれば、購入してくれたユーザーと取引を進めましょう。

トラブルを防ぐために

専用ルールはメルカリユーザーが独自に生み出したものであり、メルカリ事務局は推奨していません。メルカリでは基本的に最初に購入したユーザーと取引を行うしくみのため、横取りされても購入者に非はありません。後のトラブルを防ぐためには、専用をお願いされたら断ったり、「万一ほかの方が購入しても責任は負いません」といった記載をしたりするなどして、事前に対策を取っておくことが望ましいでしょう。

Section 131

取引したくないユーザーをブロックしたい

ブロック

メルカリには「ブロック機能」があります。迷惑行為をしてきたり、無理な値下げ交渉をしつこくしてきたりする悪質なユーザーは、ブロックして取引できないようにしましょう。

相手をブロックする

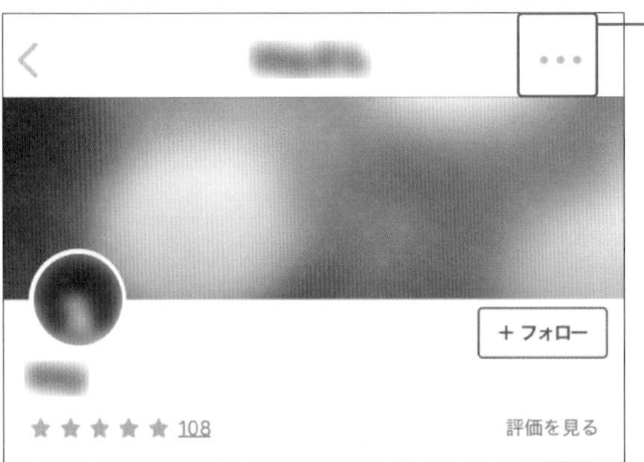

❶ブロックしたい相手のプロフィールを表示し、画面右上の…をタップします。

この会員をブロック
プロフィールシェア
キャンセル

❷＜この会員をブロック＞→＜はい＞の順にタップすると、ユーザーをブロックできます。

MEMO　ブロックするとどうなる？

ブロックすると、商品を購入したり、いいねやコメントを付けたりすることができなくなります。ブロックしたことが相手に通知されることはありませんが、ブロックした相手も自分の商品を購入したり、いいね！やコメントを付けたりすることができません。今後かかわりたくないユーザーであれば、ブロックしておくことをおすすめします。

売れ残り

商品が売れ残ってしまった

せっかく商品ページを作っても、売れ残ってしまってはなかなか利益につながりません。ここでは、商品が売れ残ってしまったときの対応を紹介していきます。

値下げや再出品を検討してみる

メルカリではさまざまなカテゴリの商品が出品されていますが、すべてのユーザーが自分の商品を見ているわけではありません。出品した商品がすべて売れればよいですが、どれほどよい売り方をしていても、人気のない商品は売れませんし、反対に、人気のある商品でも売り方が悪ければ売れ残ってしまいます。

商品が売れ残ってしまったときは、まず「値下げ」してみるとよいでしょう。高値で購入してもらうのが理想ではありますが、高いがゆえに長期間売れ残ってしまうおそれもあります。販売価格を落とせばユーザーの目に留まり、購入につなげることができるかもしれません。安価で何個も商品が売れれば、商品も効率的に消化できます。

そのほかにも、「再出品」するのも1つの手です。メルカリのタイムラインは新着順に表示されているため、出品してから日数が経つと検索されにくくなる傾向にあります。既存のページを削除して再出品することで多くのユーザーに見てもらう機会が増えるため、なかなか売れないときは検討してみるとよいでしょう。

値下げする

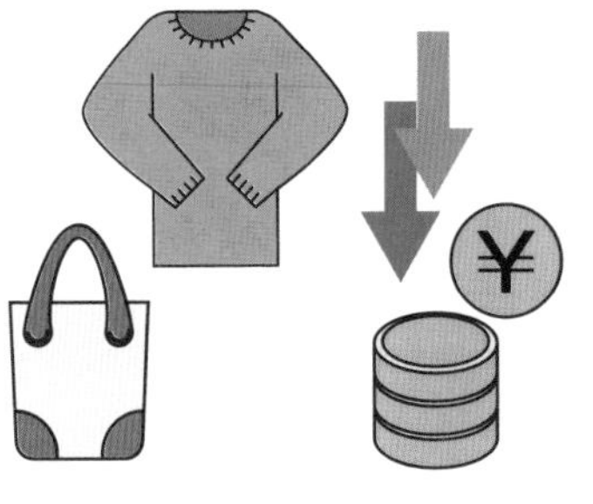

再出品する

▲ 売れ残ってしまったときは、値下げや再出品などの方法で対応してみるとよいだろう。

Section 133

メルペイからSuicaにチャージできるの？

メルペイ

メルカリの売上金がコンビニや飲食店で使えるなど、メルカリユーザーにとってメリットの大きいメルペイですが、iPhoneユーザーであればSuicaにチャージすることもできます。

メルペイでSuicaにチャージする

メルペイからSuicaに直接チャージすることはできません。Suicaにチャージしたいときは、Walletアプリから行います。

❶Walletアプリで Suicaを選択して<チャージ>をタップしたら、任意の金額を入力して<追加する>をタップします。

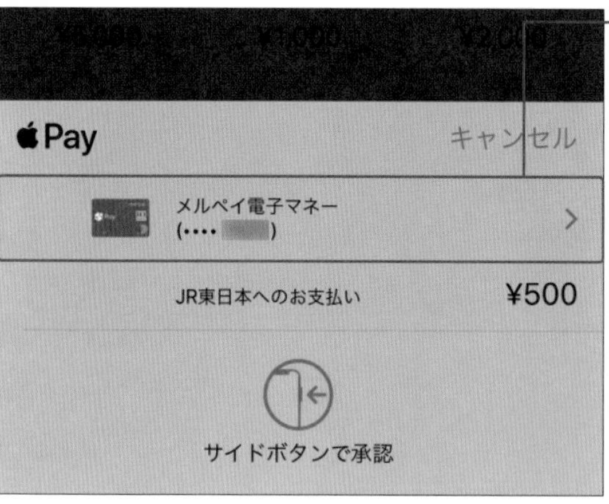

❷メルペイ電子マネーを選択すると、メルペイからSuicaにチャージできます。

メルペイの電子マネーを削除したい

メルペイ

メルペイの電子マネーを使わなくなったときは、情報を削除しておきましょう。iPhoneの場合はWalletアプリから、Androidの場合はメルカリアプリから行います。

メルペイの電子マネーを削除する

メルペイの電子マネーは、使用している機種によって削除の方法が異なります。ここではiPhoneから削除する方法を紹介します。

❶Walletアプリでメルペイの iDを選択し、画面右上の⋯をタップします。

請求先住所
プライバシーポリシー
利用規約
このカードを削除

❷<このカードを削除>→<削除>の順にタップすると、カードが削除されます。

Section 135

メルペイを解約したい

メルペイ

メルペイには解約などの手続きがありません。メルペイの利用をやめたいときは、登録している銀行口座やiD情報を削除しましょう。ここでは銀行口座を削除する方法を紹介します。

銀行口座を削除する

❶「メルペイ」画面で<メルペイ設定>→<銀行口座>の順にタップします。

❷登録した銀行口座を左方向にスワイプします。

❸<削除>→<はい>の順にタップすると銀行口座が削除されます。

Section 136

メルカリ事務局に問い合わせたい

問い合わせ

メルカリを利用中にトラブルが起きたときや事務局に質問したいことがあるときは、メルカリアプリから事務局に問い合わせてみましょう。なお、電話での問い合わせには対応していません。

メルカリ事務局に問い合わせる

ガイド・お問い合わせ
ガイド
お問い合わせ
メルカリボックス
ホーム　お知らせ　出品　メルペイ　マイページ

❶＜マイページ＞をタップします。

❷＜お問い合わせ＞→＜お問い合わせ項目を選ぶ＞の順にタップします。

お問い合わせ項目
取引中の商品について
取引前の商品について
キャンセル・削除された商品について
禁止出品物・禁止行為について
メルカリ・メルペイのお支払いについて
メルペイの設定・登録・その他メルペイについて
クーポン・キャンペーンについて

❸「お問い合わせ項目」から任意の項目をタップすると、事務局に問い合わせることができます。

Section 137

パスワードを忘れてしまった

パスワード

メルカリをメールアドレスで登録した場合は、ログイン時にパスワードが必要です。万一パスワードを忘れてしまったときは、再発行して新しいパスワードを設定しましょう。

パスワードを再発行する

❶メルカリアプリからログアウトして再度アプリを立ち上げ、<マイページ>→<会員登録・ログインへ>の順にタップします。

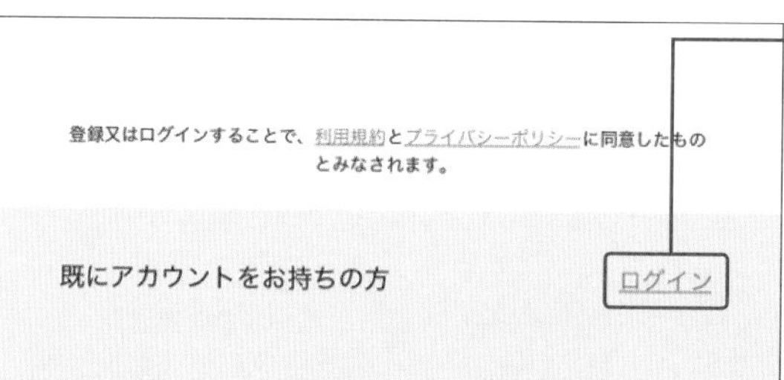

❷「既にアカウントをお持ちの方」の<ログイン>をタップし、<メール・電話番号でログイン>をタップします。

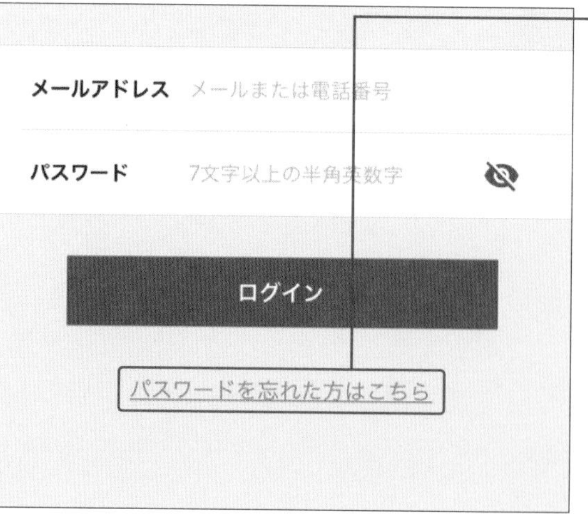

❸<パスワードを忘れた方はこちら>をタップし、メールアドレスまたは電話番号を入力して<パスワードをリセットする>をタップします。

メルカリを退会したい

メルカリを登録してみたけど使い方がわからない、商品がなかなか売れないなど、何らかの理由でメルカリをやめたくなったときは、退会手続きをしましょう。なお、退会しても再登録できます。

メルカリを退会する

メルペイの設定・登録・その他メルペイについて
クーポン・キャンペーンについて
アプリの使い方やその他

❶P.251手順❶～❷を参考にお問い合わせ項目の画面を表示し、<アプリの使い方やその他>→<退会したい>→<お問い合わせする>の順にタップします。

退会理由（必須）
他のサービスの方がよい
詳しい理由
売上金¥360と所持ポイント P 1,800を放棄します
退会に関するガイドを確認しました
上記に同意して退会する

❷退会理由を選択します。

❸チェックボックスにチェックを付けます。

❹<上記に同意して退会する>をタップします。

MEMO 退会時の注意点

退会すると売上金やポイント、これまでの評価などがすべて消えてしまいます。事前によく確認してから退会手続きを行うようにしましょう。

索引

た

な～は

ま～ら

お問い合わせについて

本書に関するご質問については、本書に記載されている内容に関するもののみとさせていただきます。本書の内容と関係のないご質問につきましては、一切お答えできませんので、あらかじめご了承ください。また、電話でのご質問は受け付けておりませんので、必ずFAXか書面にて下記までお送りください。
なお、ご質問の際には、必ず以下の項目を明記していただきますよう、お願いいたします。

① お名前
② 返信先の住所またはFAX番号
③ 書名（今すぐ使えるかんたんEx メルカリ プロ技BEST セレクション）
④ 本書の該当ページ
⑤ ご使用のOSとソフトウェアのバージョン
⑥ ご質問内容

なお、お送りいただいたご質問には、できる限り迅速にお答えできるよう努力いたしておりますが、場合によってはお答えするまでに時間がかかることがあります。また、回答の期日をご指定なさっても、ご希望にお応えできるとは限りません。あらかじめご了承くださいますよう、お願いいたします。

問い合わせ先

〒162-0846
東京都新宿区市谷左内町21-13
株式会社技術評論社　書籍編集部
「今すぐ使えるかんたんEx メルカリ プロ技BEST セレクション」質問係
FAX番号　03-3513-6167　URL：https://book.gihyo.jp/116

お問い合わせの例

FAX

①お名前
技術　太郎
②返信先の住所またはFAX番号
03-××××-××××
③書名
今すぐ使えるかんたんEx メルカリ プロ技BEST セレクション
④本書の該当ページ
44ページ
⑤ご使用のOSとソフトウェアのバージョン
Android 10
⑥ご質問内容
手順②が表示されない

※ご質問の際に記載いただきました個人情報は、回答後速やかに破棄させていただきます。

今すぐ使えるかんたんEx メルカリ プロ技BESTセレクション

2020年11月11日　初版　第1刷発行

著者……………………… リンクアップ
監修……………………… 小川ひとみ
発行者…………………… 片岡　巌
発行所…………………… 株式会社 技術評論社
東京都新宿区市谷左内町21-13
電話　03-3513-6150　販売促進部
03-3513-6160　書籍編集部
編集……………………… リンクアップ
担当……………………… 伊藤　鮎
装丁デザイン…………… 菊池　祐（ライラック）
本文デザイン…………… リンクアップ
DTP ……………………… リンクアップ
製本／印刷……………… 日経印刷株式会社

定価はカバーに表示してあります。

落丁・乱丁がございましたら、弊社販売促進部までお送りください。交換いたします。

ISBN978-4-297-11621-7 C3055
Printed in Japan